Contraste insuffisant

NF Z 43-120-14

DES
MACHINES A VAPEUR
AUX ÉTATS-UNIS D'AMÉRIQUE

PARTICULIÈREMENT CONSIDÉRÉES DANS LEUR APPLICATION A LA NAVIGATION ET AUX CHEMINS DE FER

TRADUIT DE L'ANGLAIS

DE R. HODGE, DU Dr RENWICH ET DE DAVID STEVENSON

PAR M. EDMOND DUVAL, INGÉNIEUR

PRÉCÉDÉ D'UNE INTRODUCTION

PAR M. EUGÈNE FLACHAT

ET ACCOMPAGNÉ DE PLANS DE MACHINES A VAPEUR ET DE RENSEIGNEMENTS FOURNIS

PAR M. MICHEL CHEVALIER

Conseiller d'État, Ingénieur en chef des Mines, Professeur d'Économie politique au Collége de France

---

TABLE DE L'EXPLICATION DES PLANCHES

LE SWALLOW BATEAU A VAPEUR DE L'HUDSON. Fig. 1.

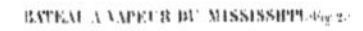

BATEAU A VAPEUR DU MISSISSIPPI. Fig. 2.

Le Neptune, bateau poste de New-York à Charleston. Fig. [illegible]

Machine locomotive et son garde. Fig. [illegible]

Machine locomotive à cylindre vertical. Fig. [illegible]

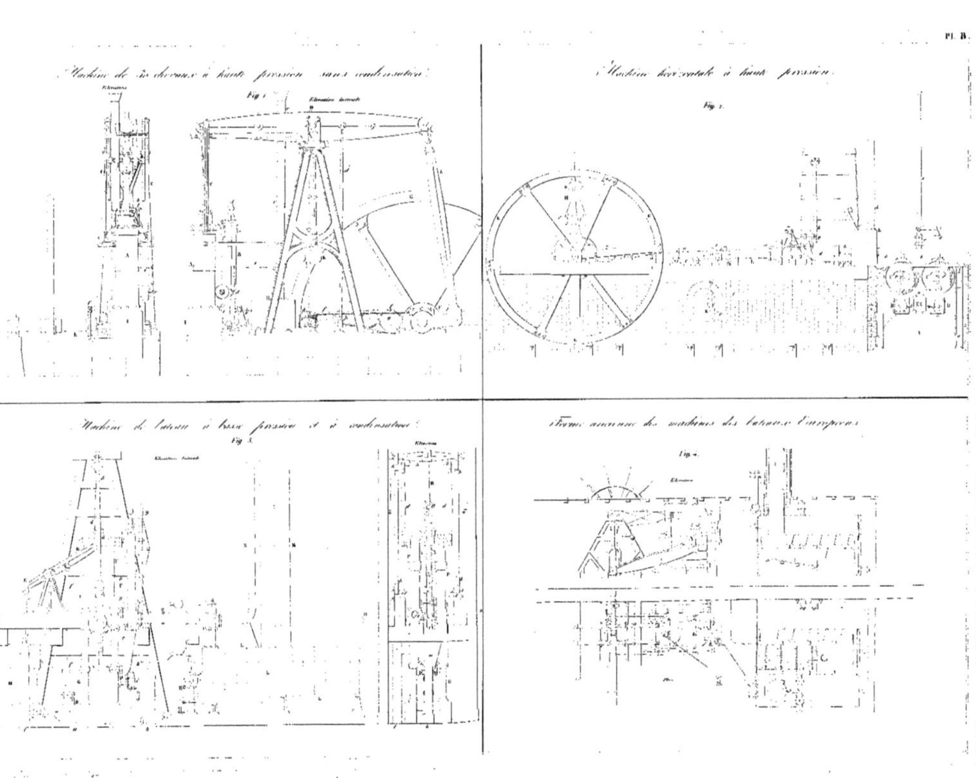

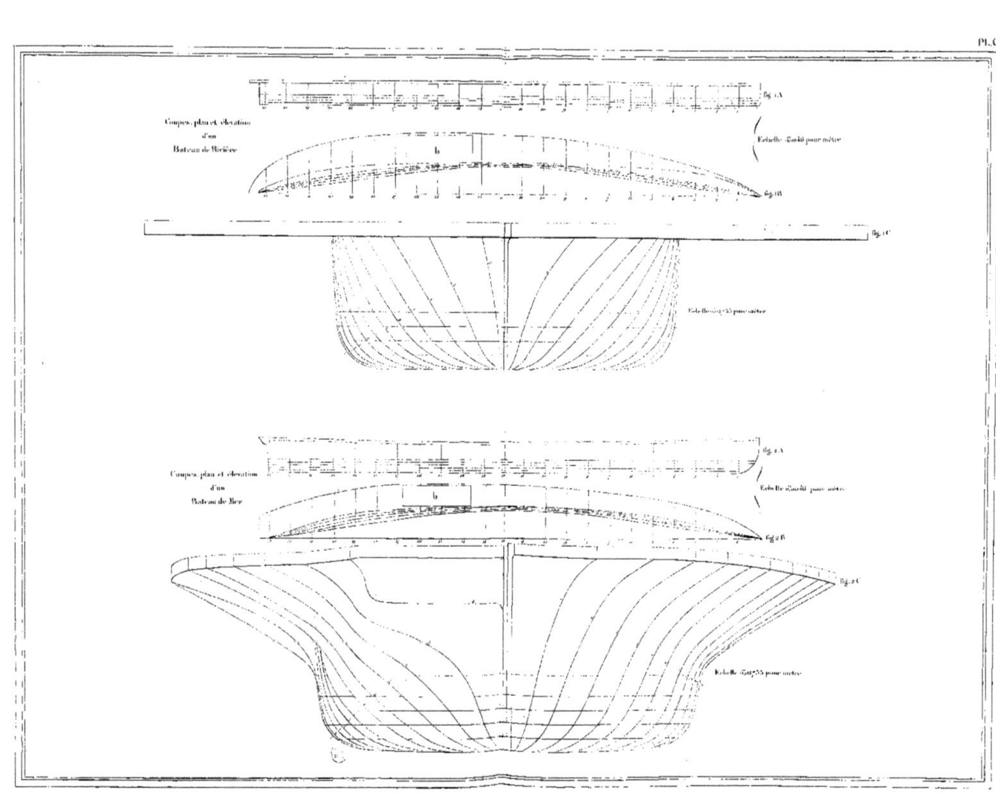
Coupes, plan et élévation
d'un
Bateau de Rivière
Fig. 1 A
Fig. 1 B
Fig. 1 C
b
Coupes, plan et élévation
d'un
Bateau de Mer
Fig. 2 A
Fig. 2 B
Fig. 2 C
b

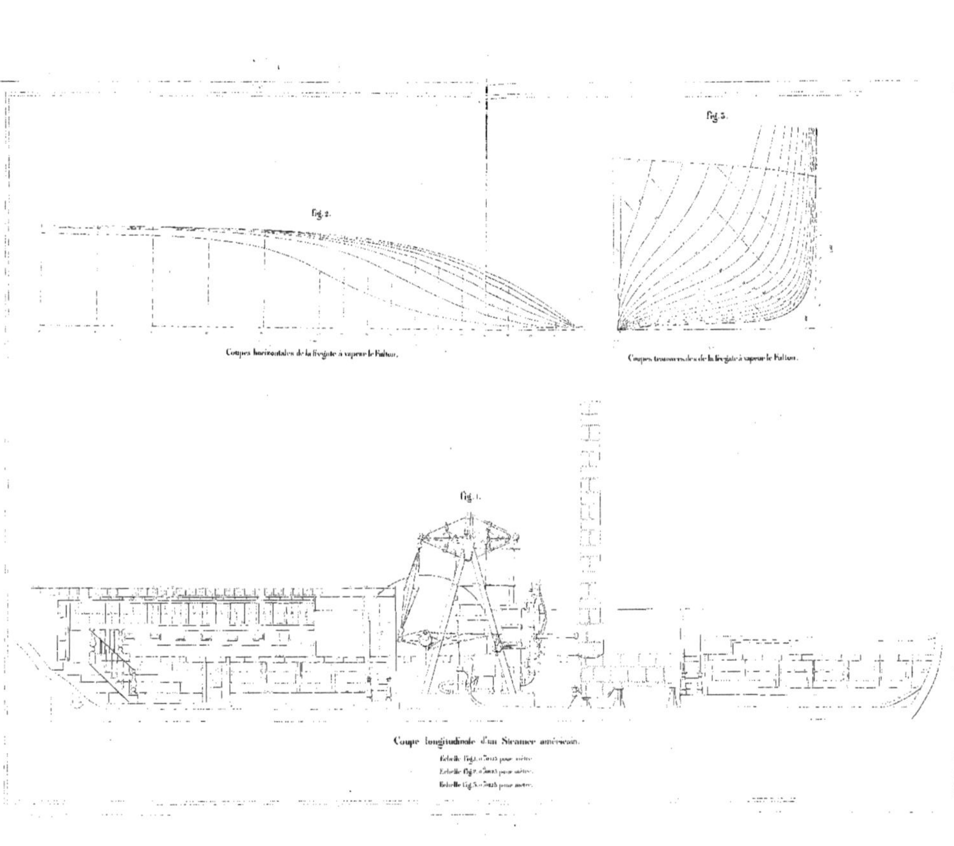

Coupes horizontales de la frégate à vapeur le Fulton.

Coupes transversales de la frégate à vapeur le Fulton.

Coupe longitudinale d'un Steamer américain.

Echelle Fig. 1. 0m0015 pour mètre.

Echelle Fig. 2. 0m0025 pour mètre.

Echelle Fig. 3. 0m0025 pour mètre.

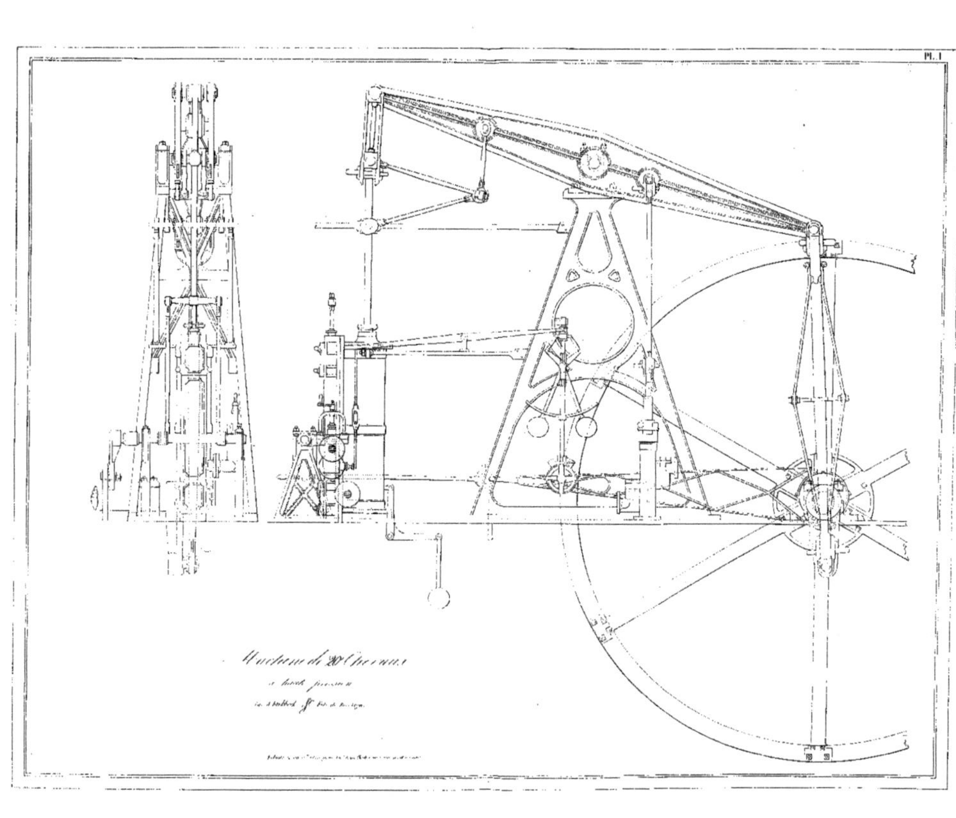
Pl. 1
Machine de 20 Chevaux

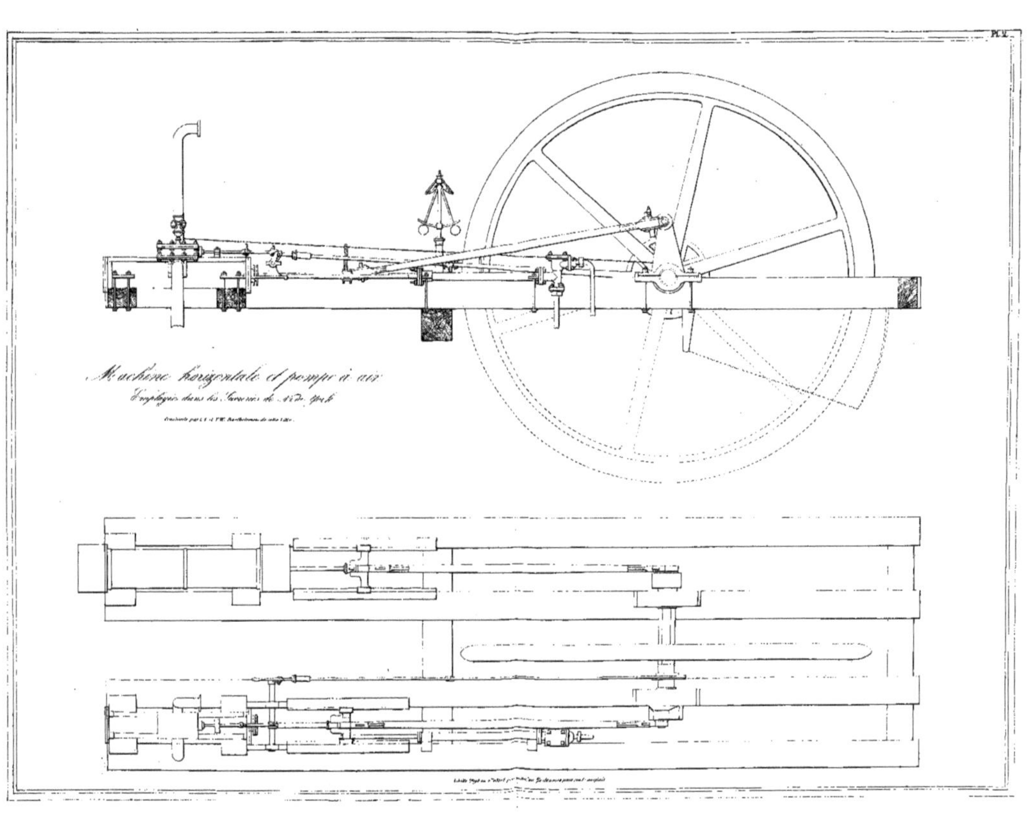
Machine horizontale et pompe à air

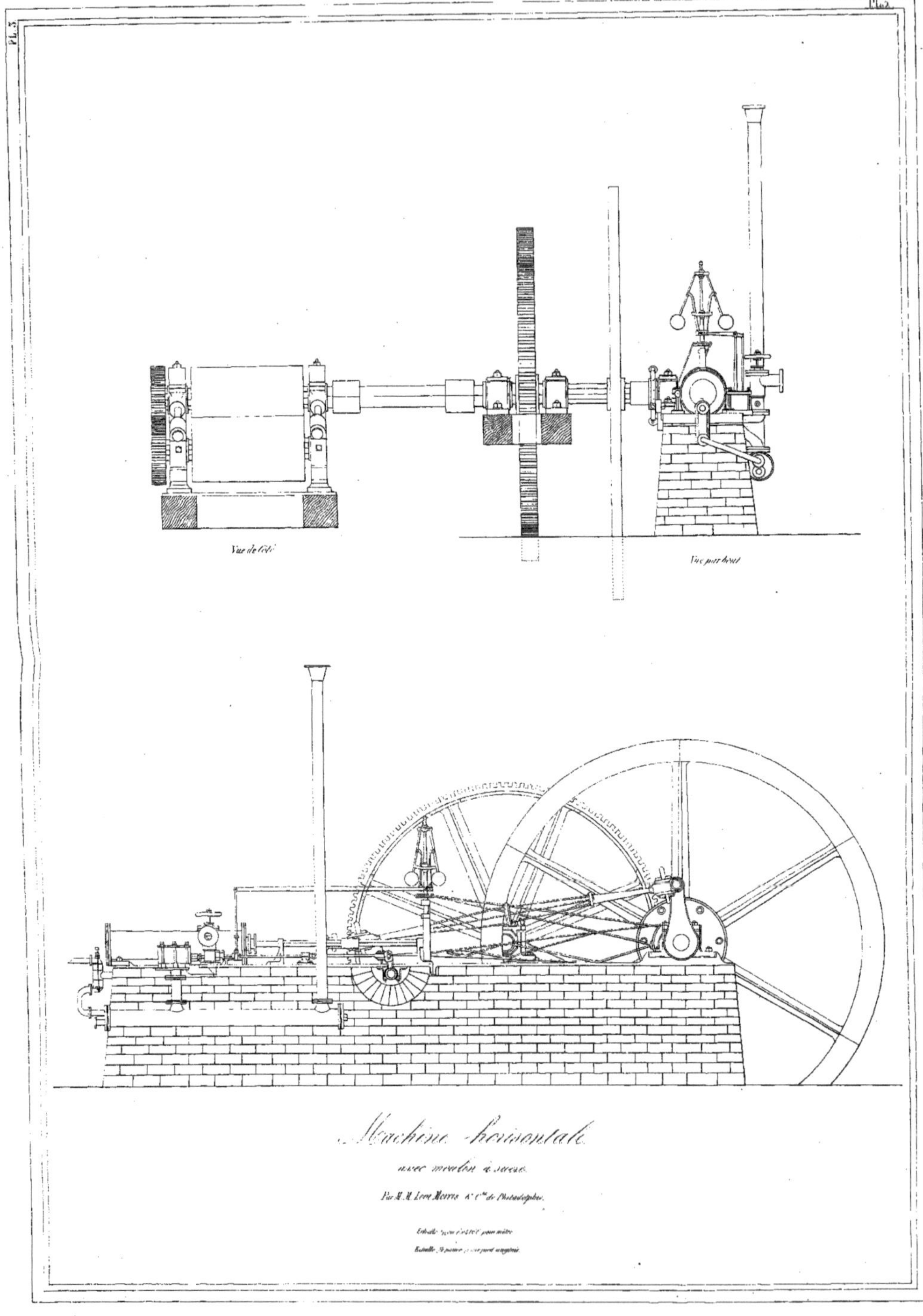
PL. 3
Vue de côté
Vue par bout
Machine horizontale
avec moulin à sucre.
Par M.M. Levi Morris & Cie de Philadelphie.

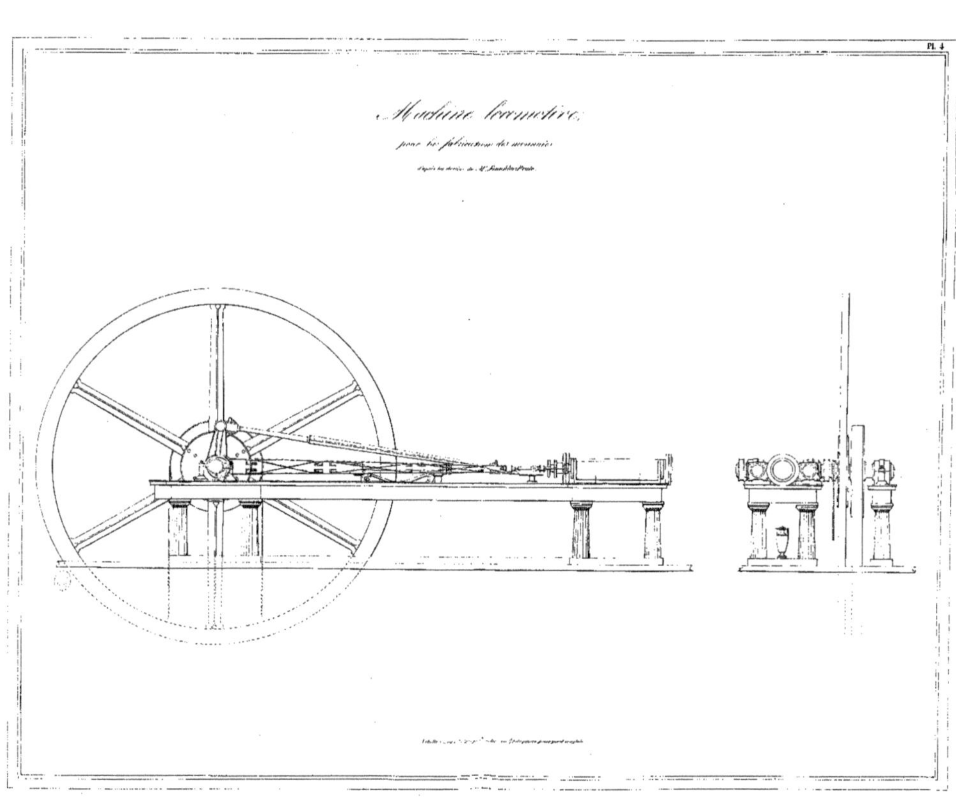
Pl. 4
Machine locomotive
pour la fabrication des monnaies
d'après les dessins de Mr. Franklin Peale

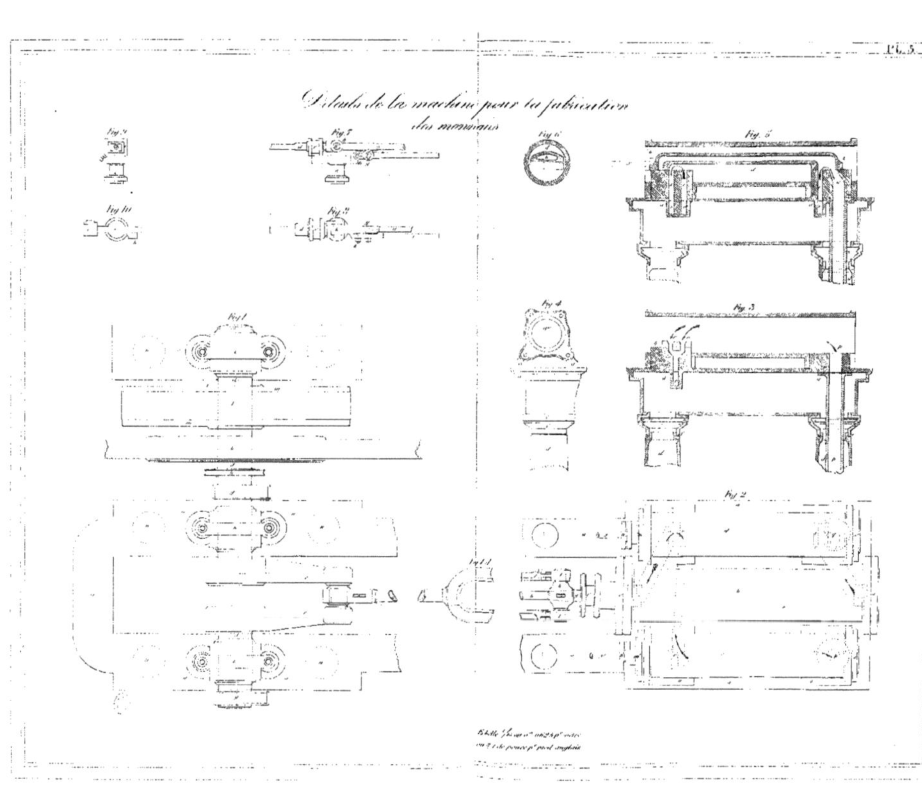
Pl. 5
Détails de la machine pour la fabrication des monnaies
Fig. 1
Fig. 2
Fig. 3
Fig. 4
Fig. 5
Fig. 6
Fig. 7
Fig. 10

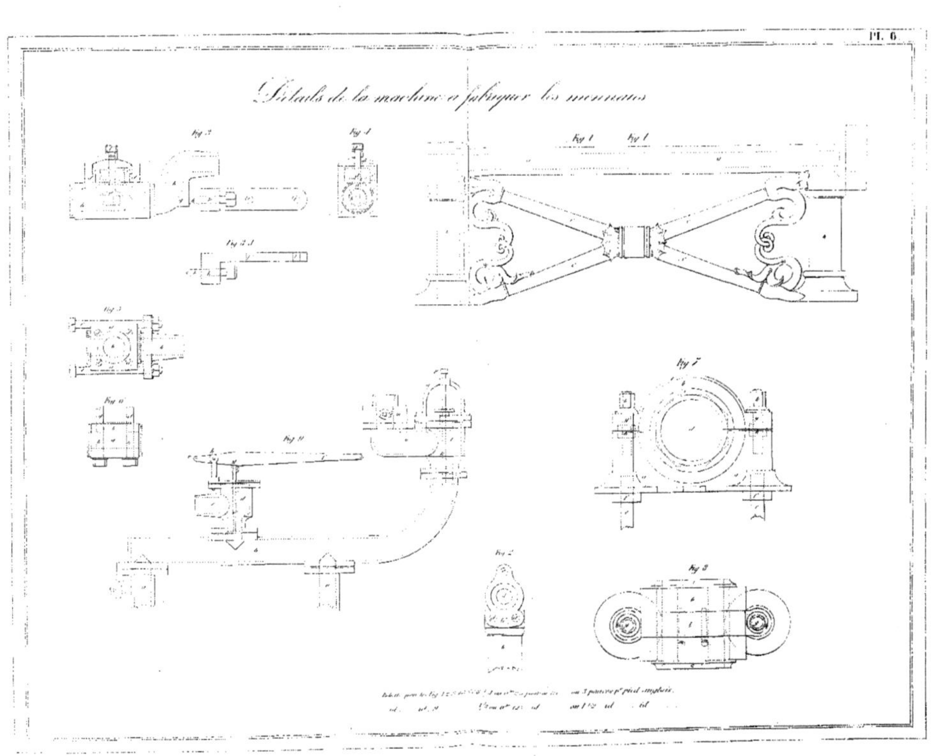
Pl. 6.
Détails de la machine à fabriquer les monnaies

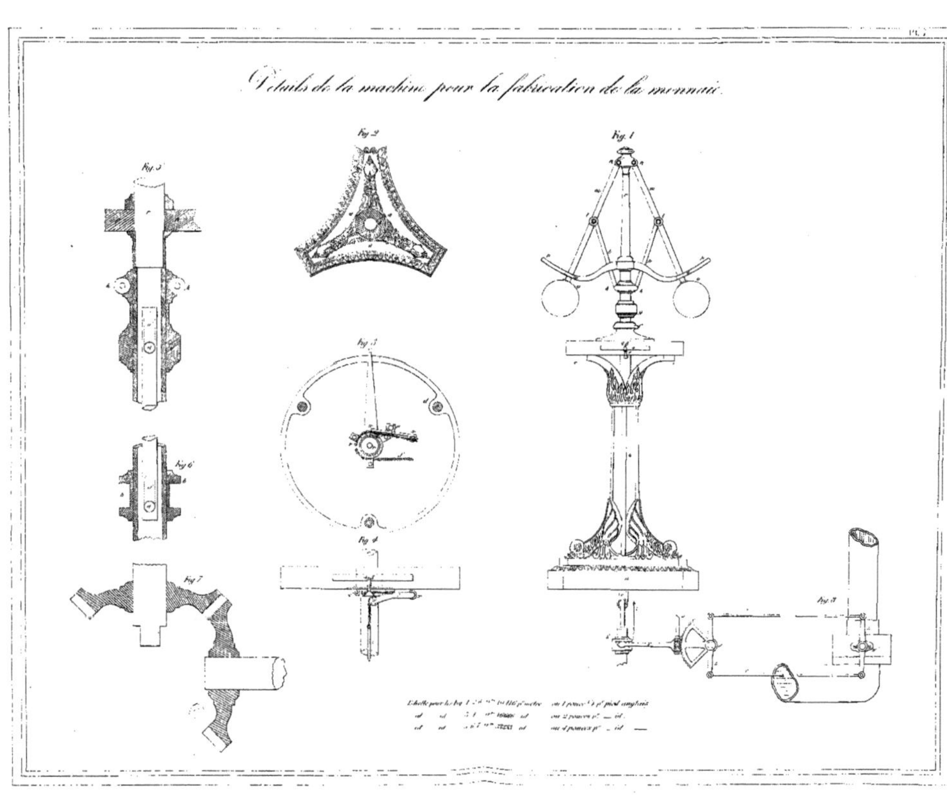
Détails de la machine pour la fabrication de la monnaie.
Fig. 1
Fig. 2
Fig. 3
Fig. 4
Fig. 5
Fig. 6
Fig. 7
Fig. 8

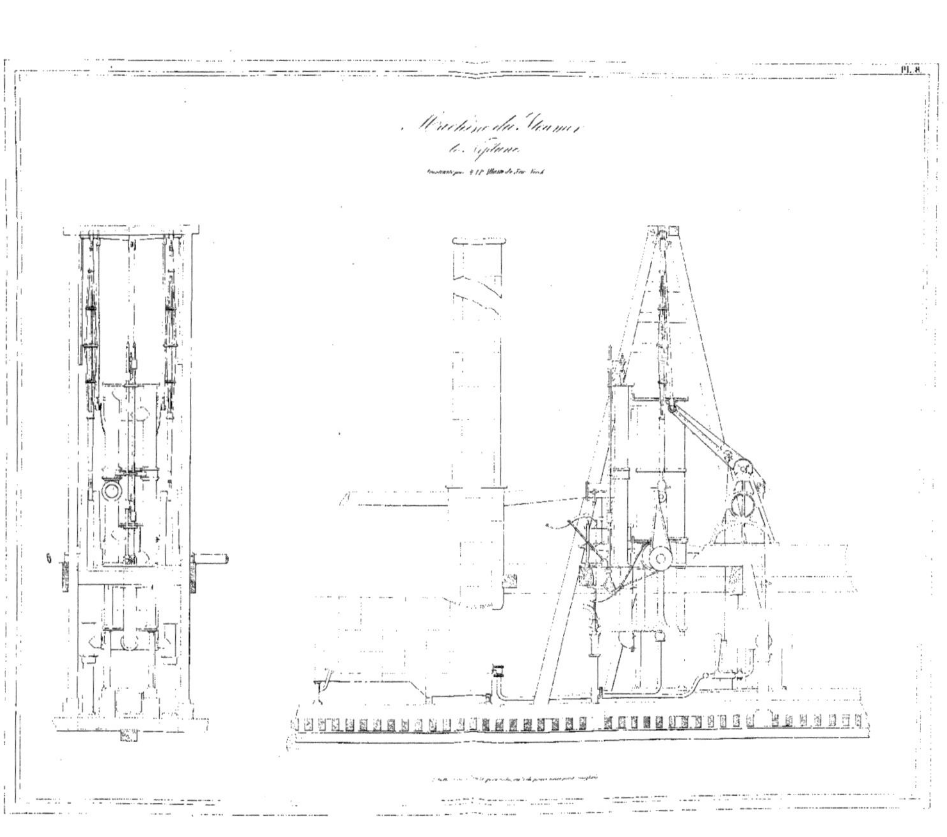
PL. 8
Machine du Steamer
le Neptune

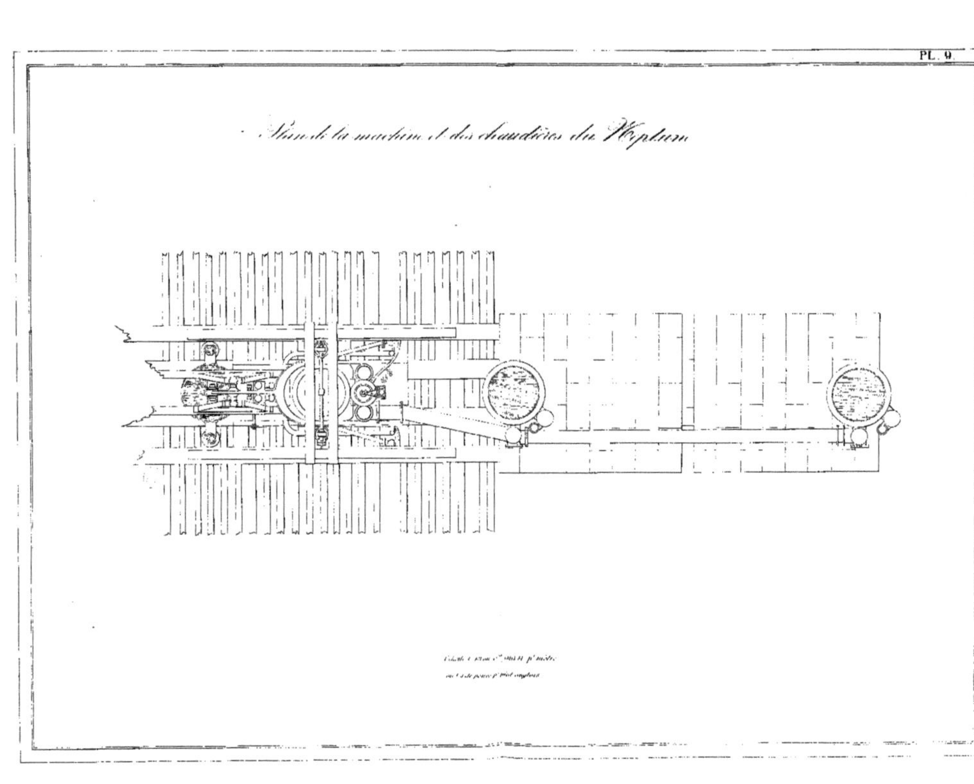
Plan de la machine et des chaudières du Neptune

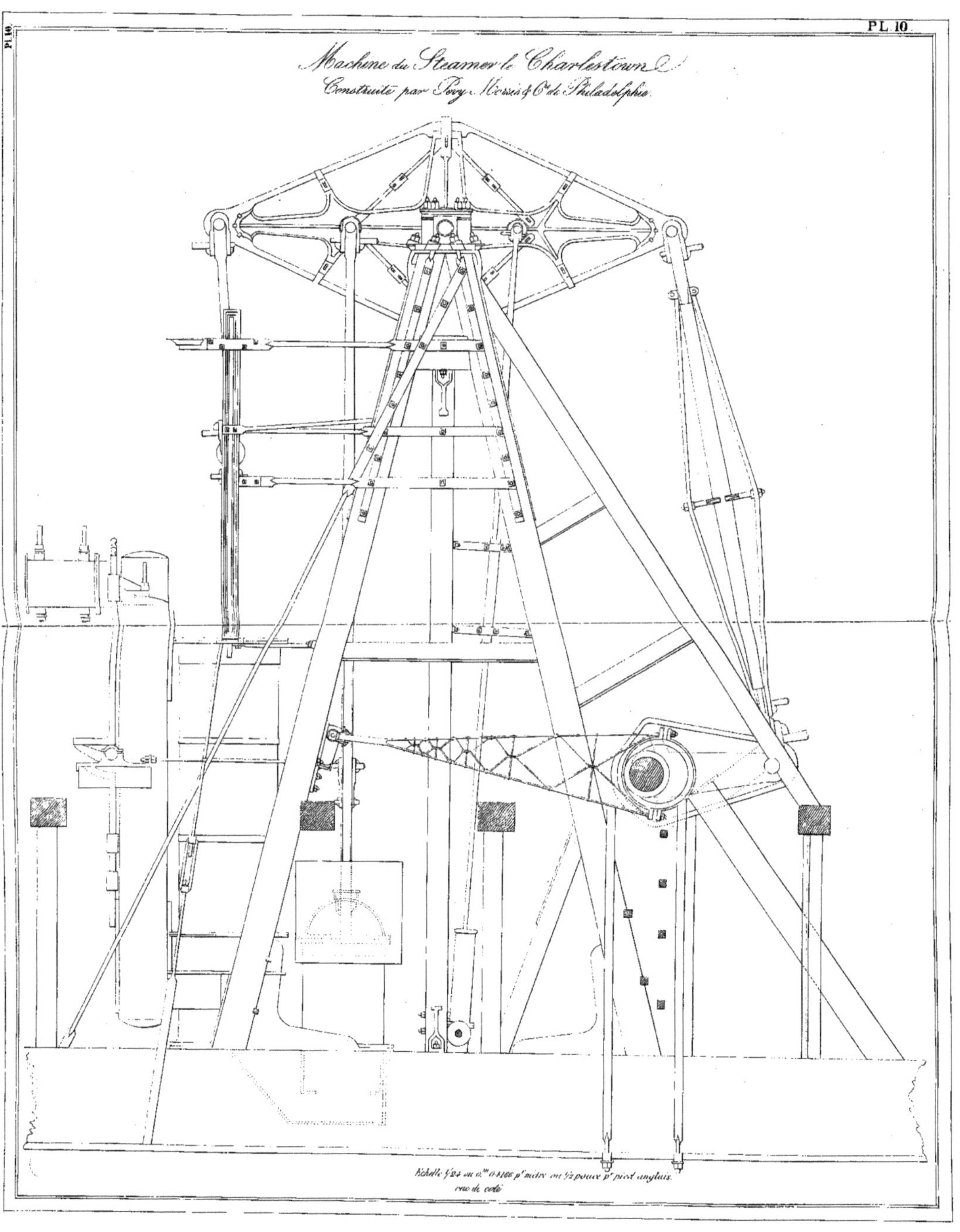
PL. 10
Machine du Steamer le Charlestown.
Construite par Levy, Morris & Cie de Philadelphie.
Echelle 1/24 ou 0.m 04166 pr mètre ou 1/2 pouce pr pied anglais.
Vue de côté

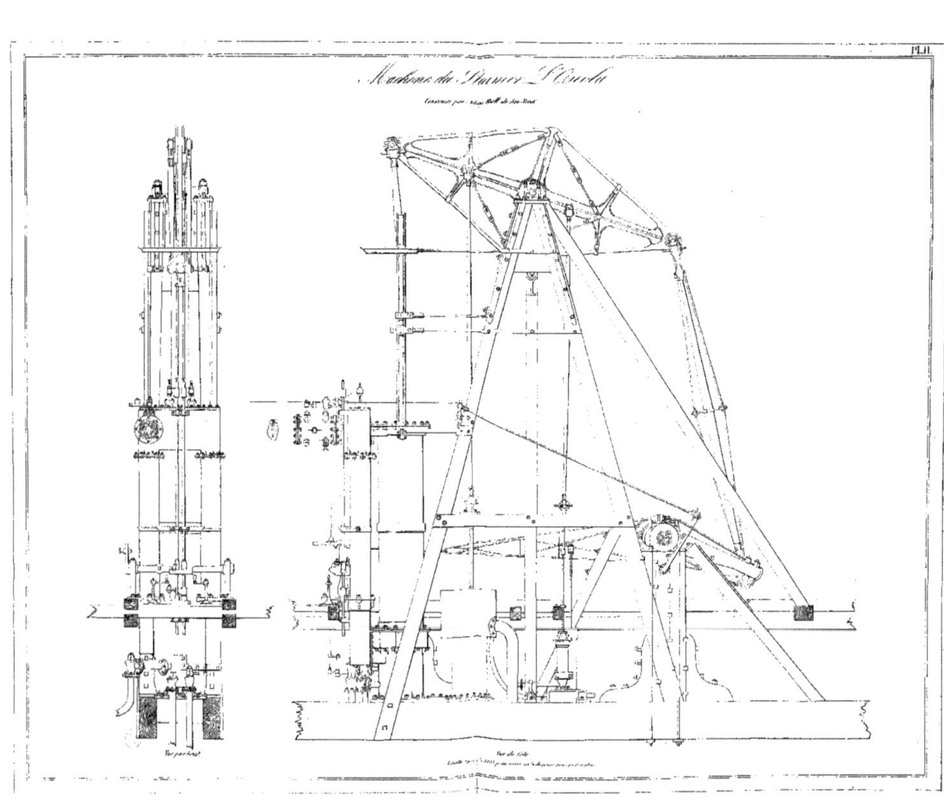

PL.II.
Vue par bout
Vue de Côté

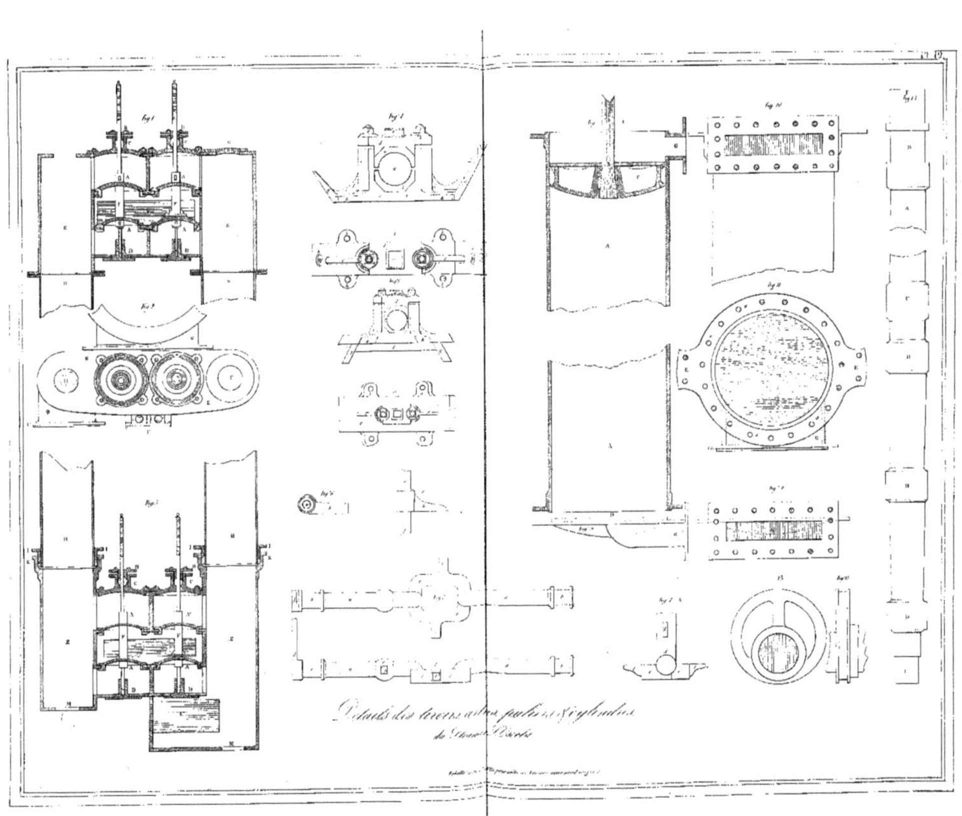

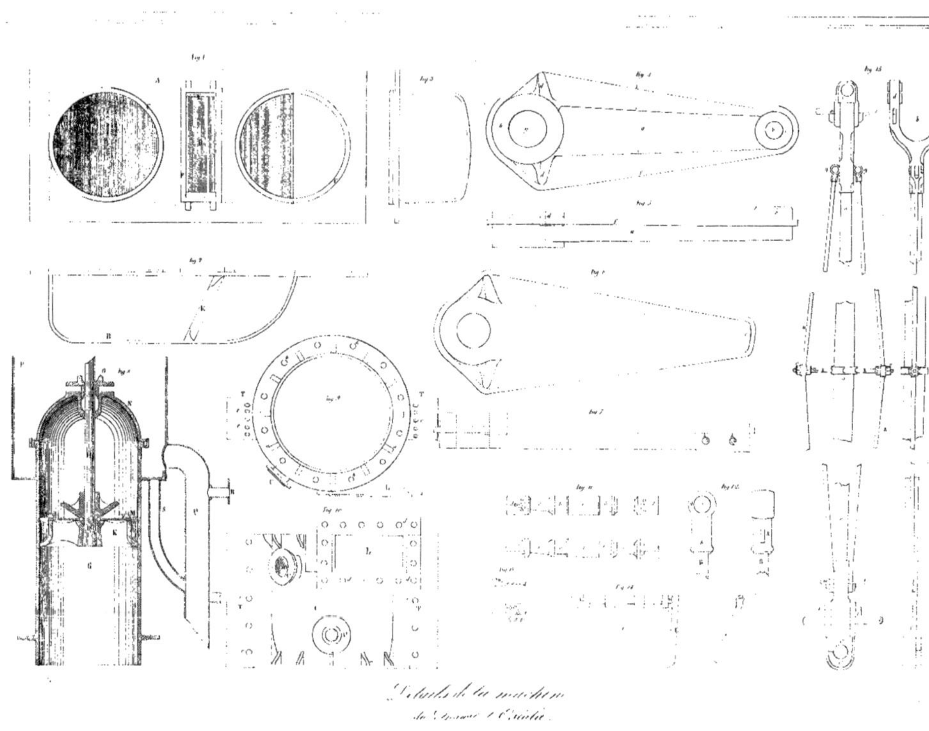

Détails de la machine

Echelle 1 pouce pour pied anglais

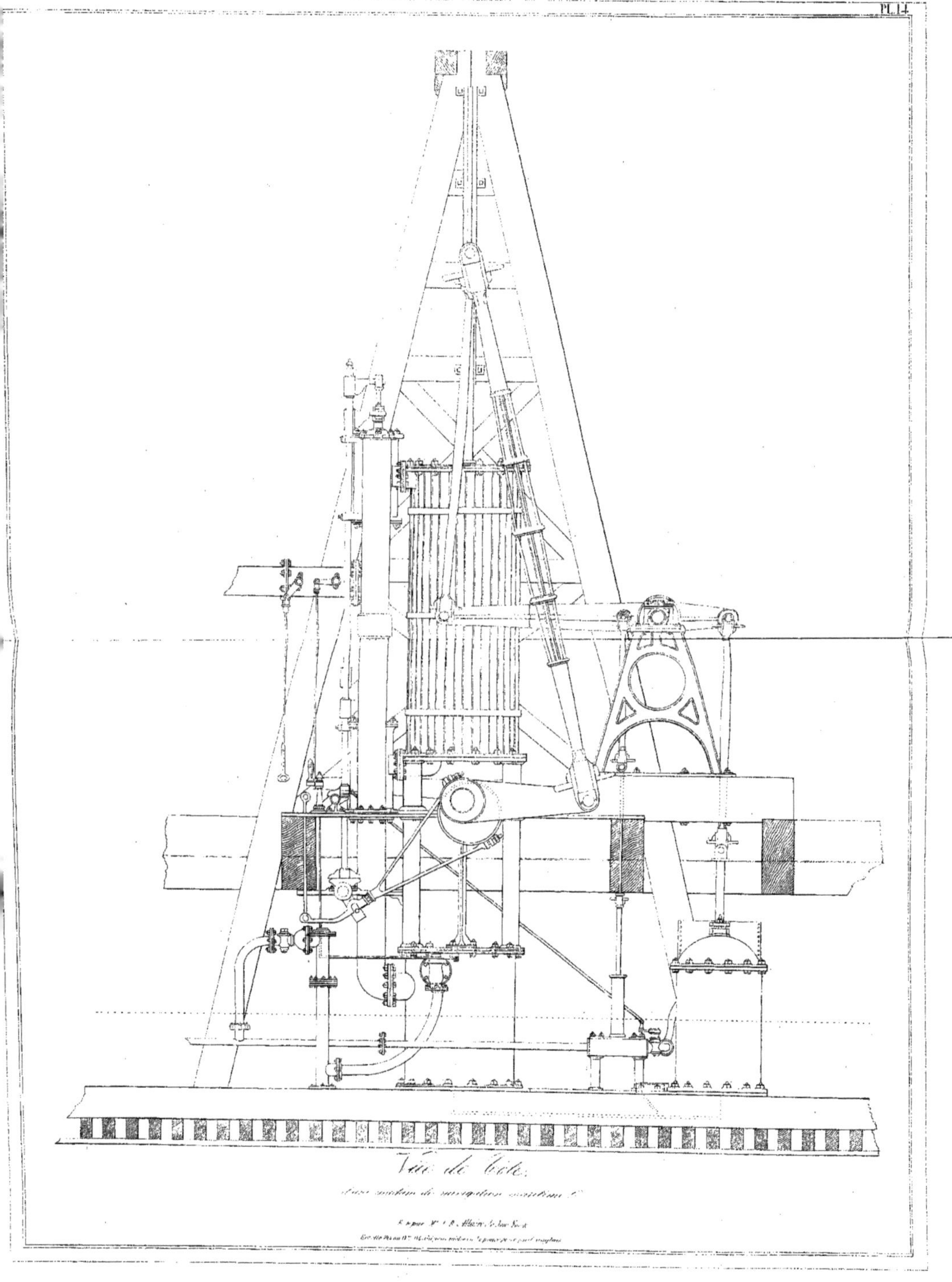

Vue de côté.

d'une machine de navigation maritime &c.

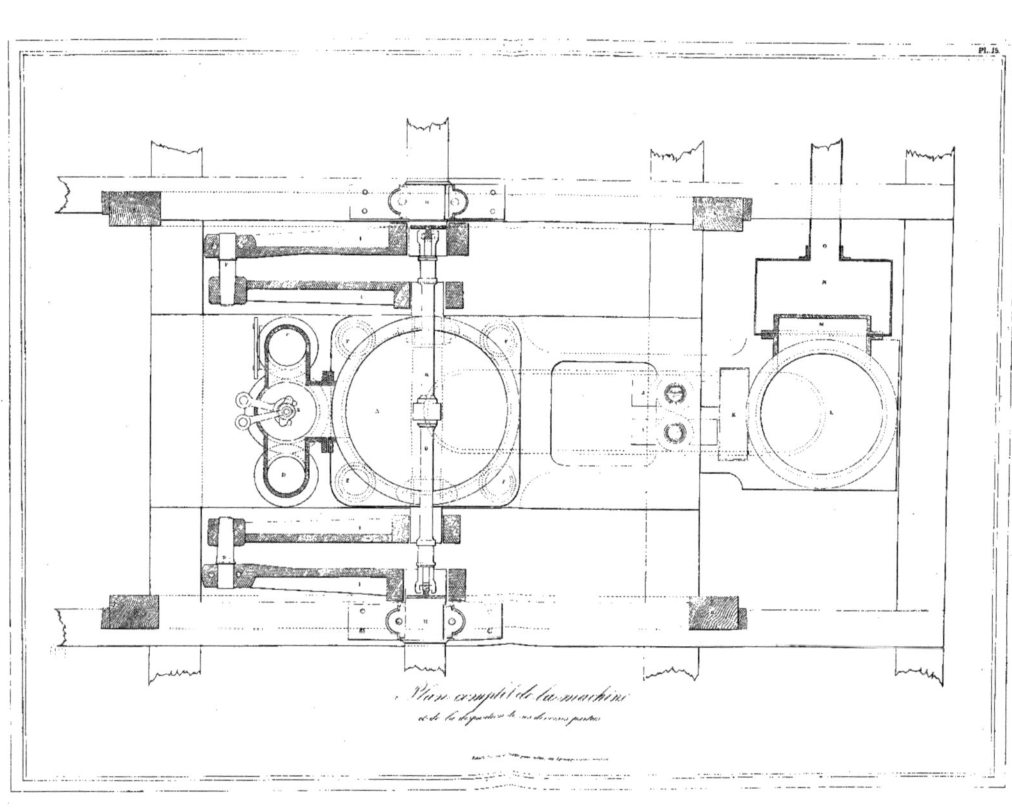

Plan complet de la machine
et de la disposition de ses diverses parties

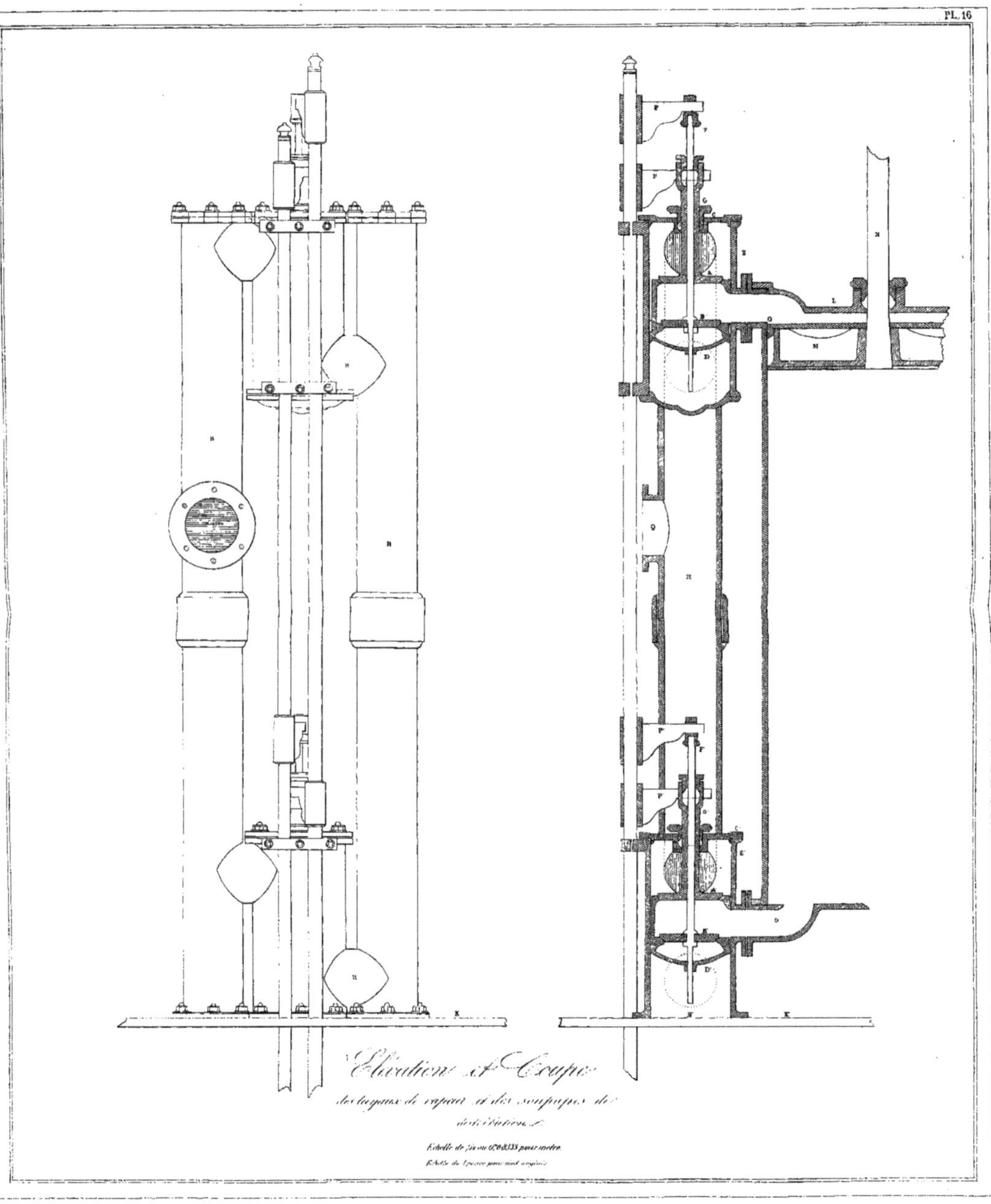

Élévation et Coupe des tuyaux de vapeur et des soupapes de distribution.

Échelle de 1/12 ou 0,08333 pour mètre.

Échelle de 1 pouce pour pied anglais.

Pl. 17

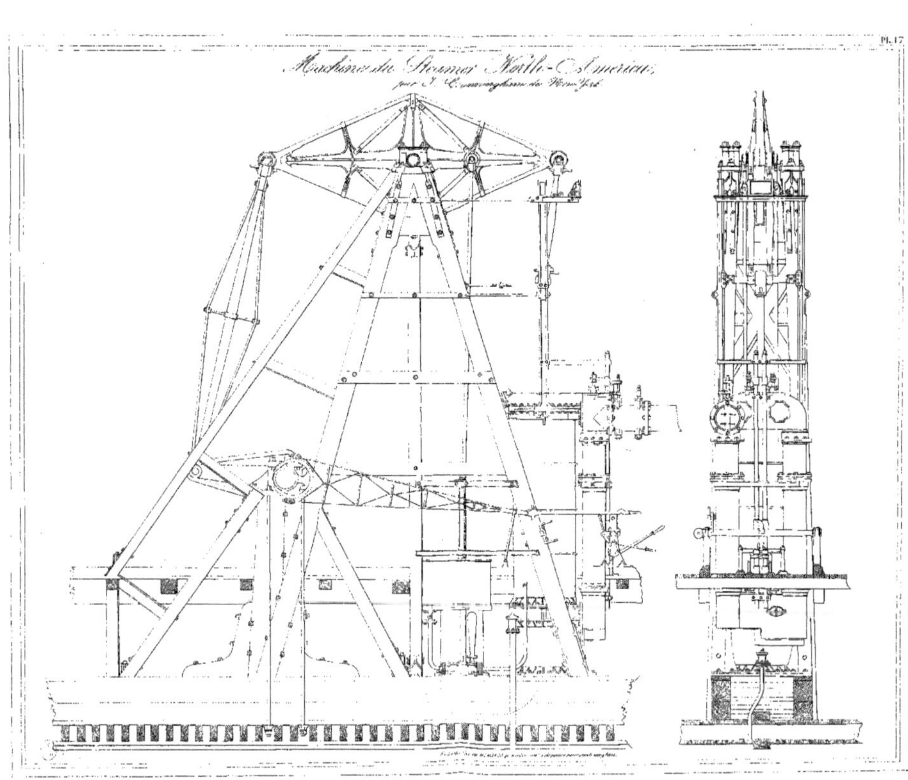

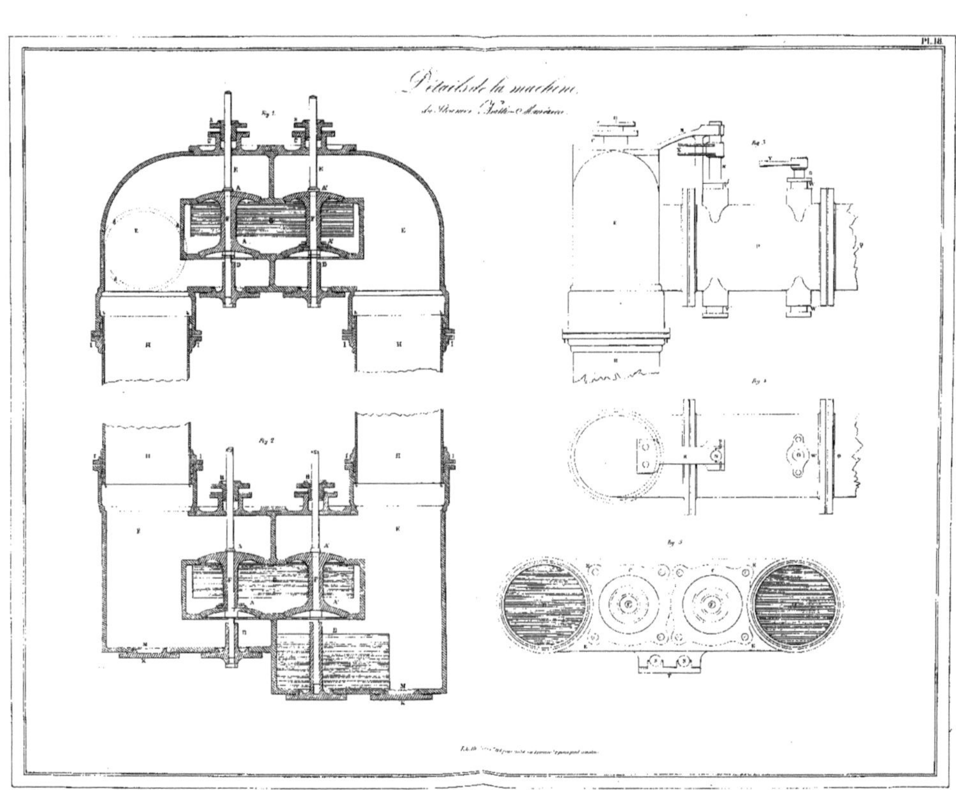
Pl. 18.
Détails de la machine
Fig. 1
Fig. 2
Fig. 3
Fig. 4
Fig. 5

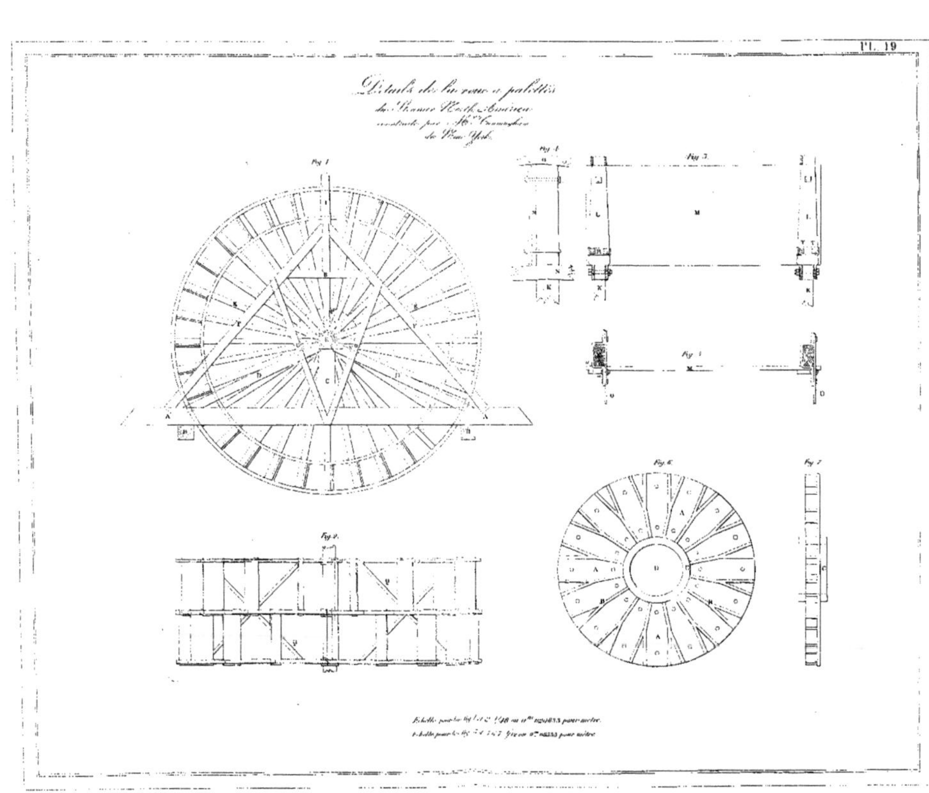
Détails de la roue à palettes
du Steamer North America
construit par Mrs Cunningham
de New York
Fig. 1
Fig. 2
Fig. 3
Fig. 4
Fig. 5
Fig. 6
Fig. 7
Echelle pour les fig 1 et 2 1/48 ou 0m 020833 pour mètre.
Echelle pour les fig 3 4 5 6 7 1/12 ou 0m 08333 pour mètre

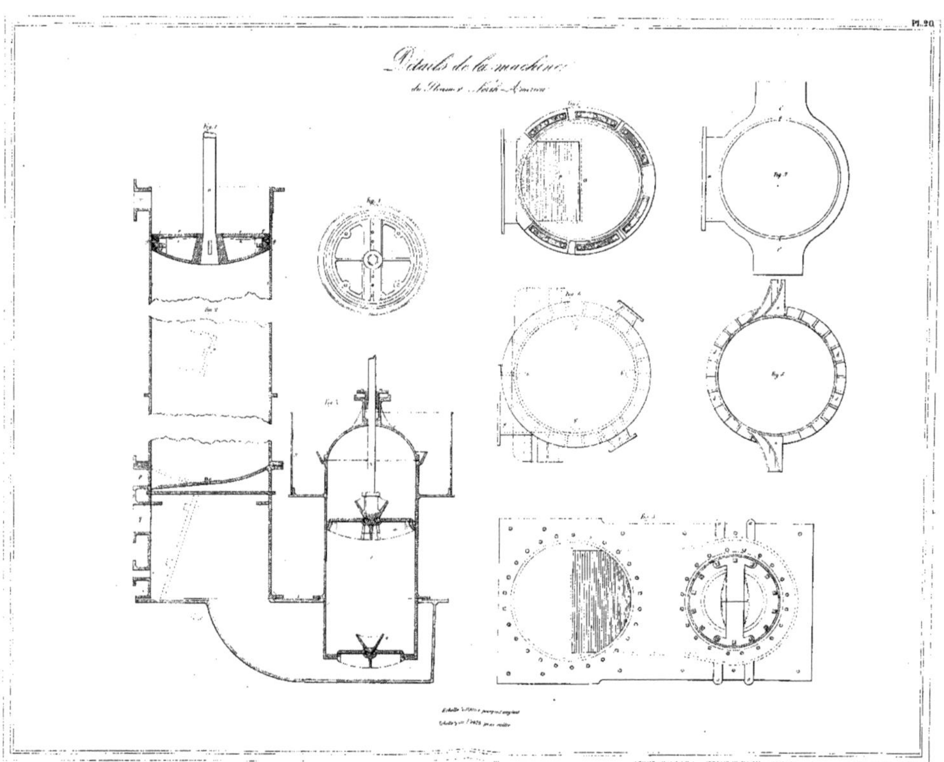
Détails de la machine

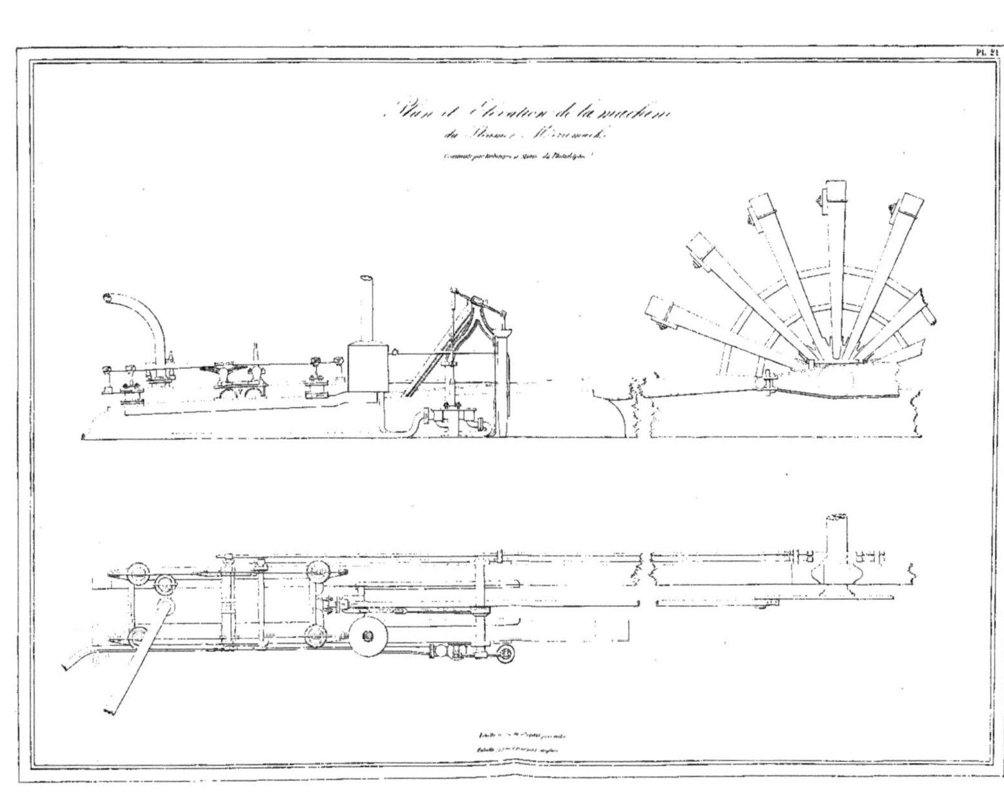
Plan et Élévation de la machine

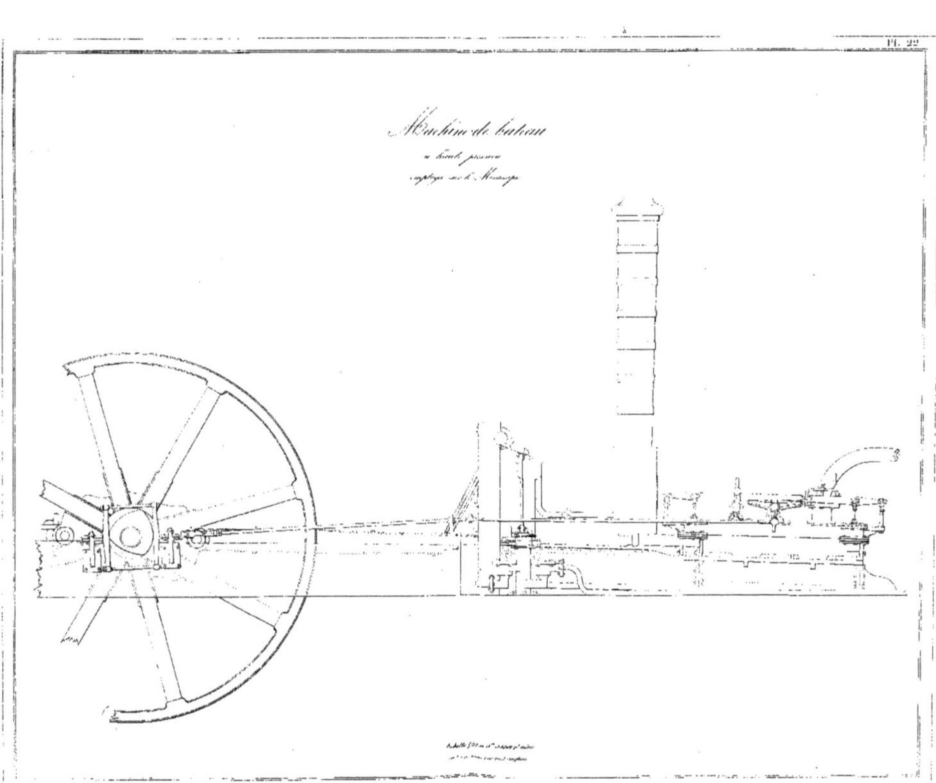
Pl. 22
Machine de bateau
à haute pression
employée sur le Mississipi

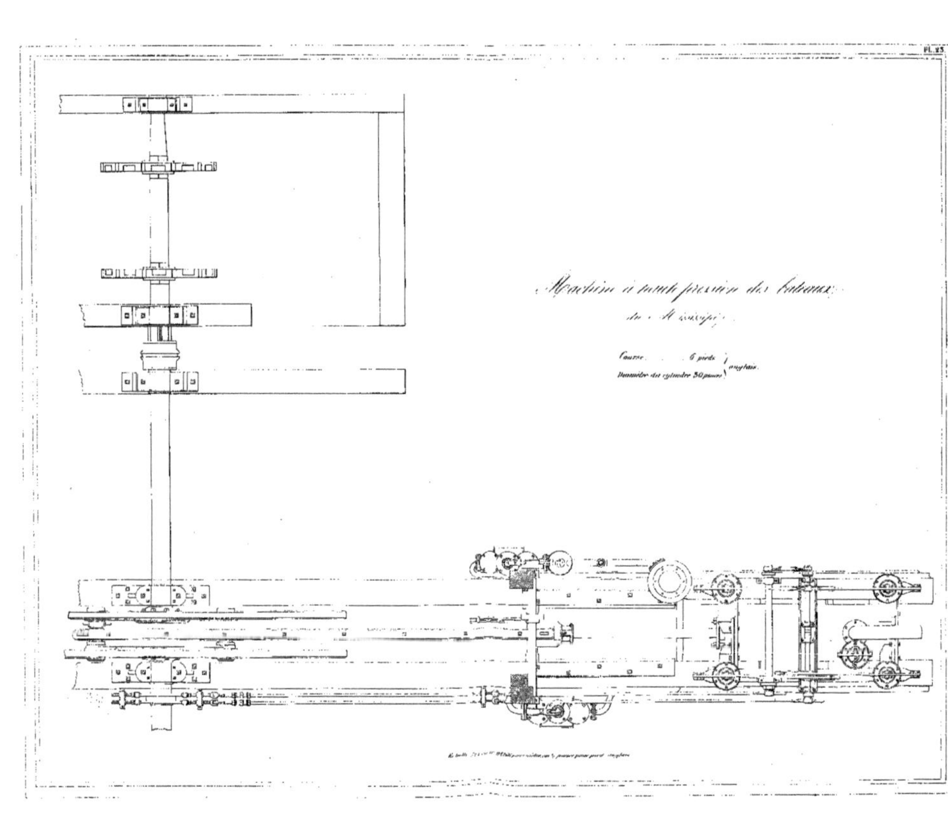
Pl. 23
Machine à haute pression des bateaux
du Mississipi
Course . . . 6 pieds
Diamètre du cylindre 30 pouces
anglais.

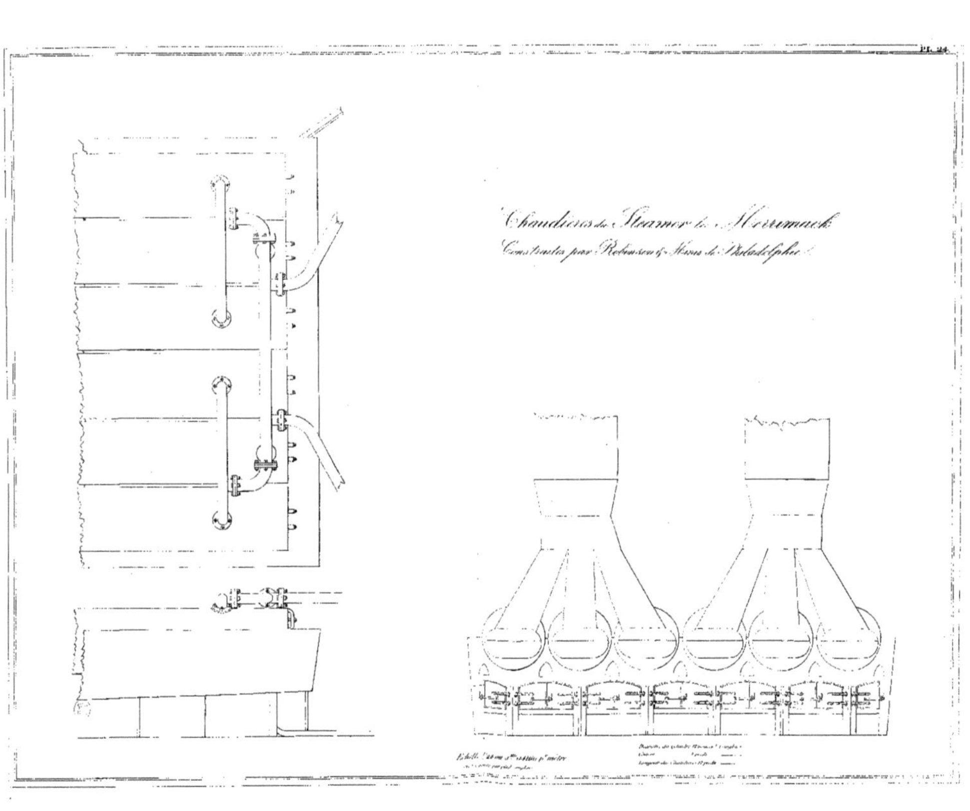
PL. 24
Chaudières du Steamer le Merrimack
Construites par Robinson & Minis de Philadelphie

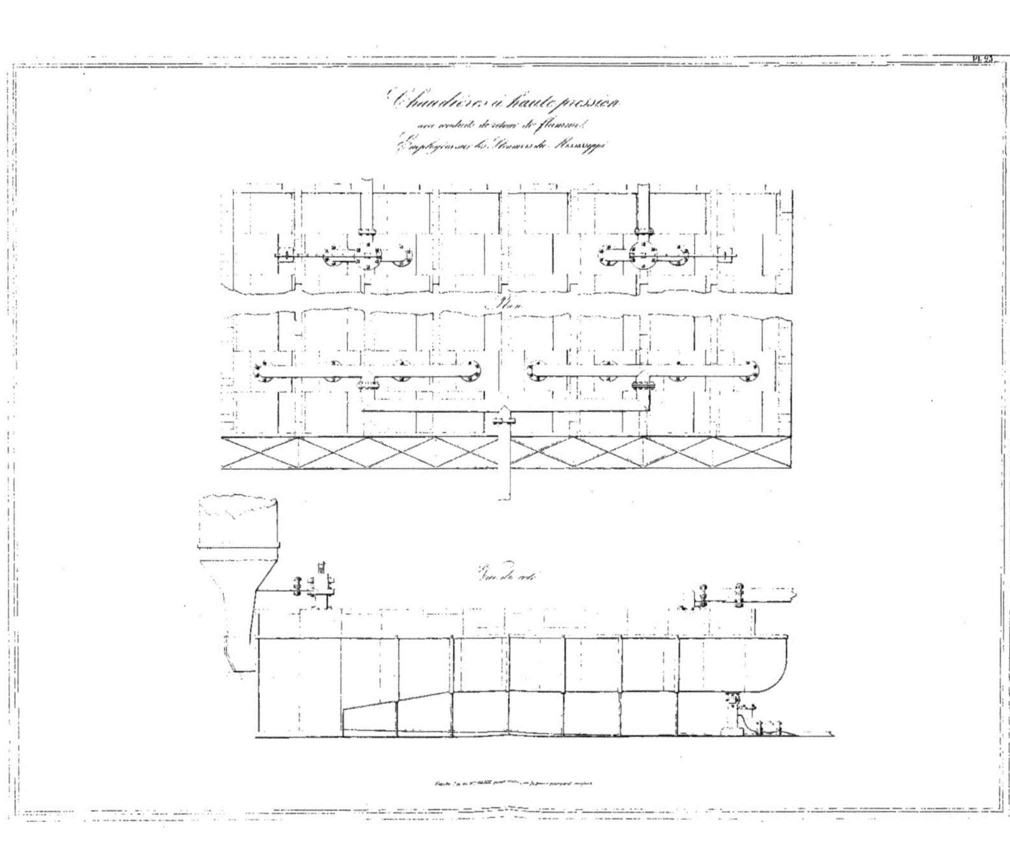
Pl. 93
Chaudières à haute pression
avec conduits de retour de flammes
Employées sur les Steamers du Mississipi
Plan
Vue de côté

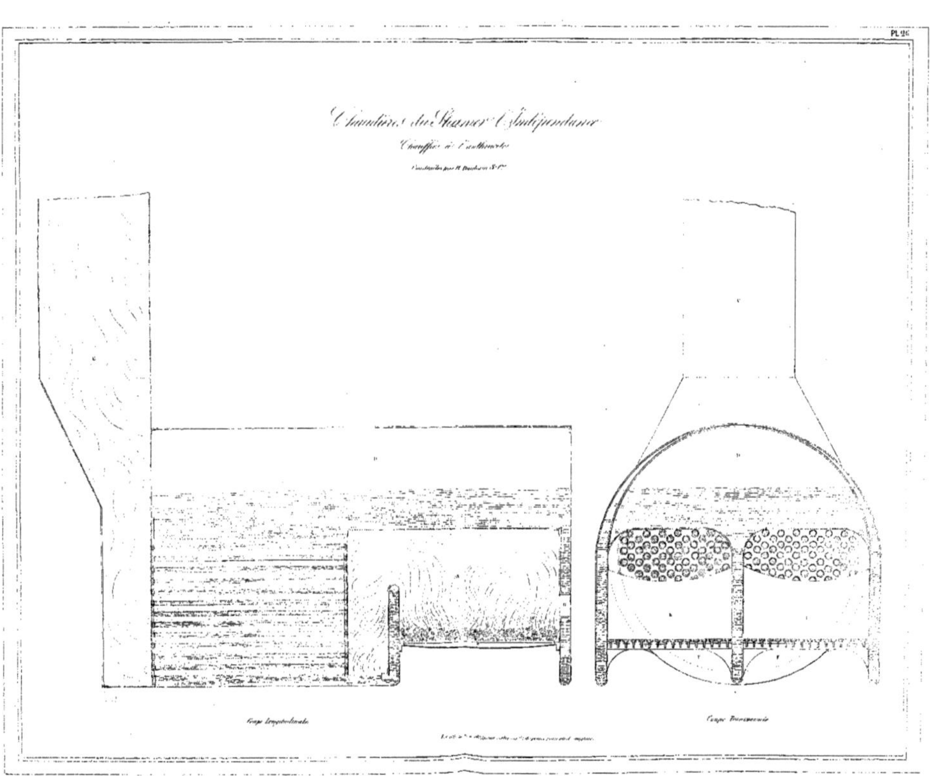
PL. 26
Chaudière du Steamer l'Indépendance
Chauffée à l'anthracite
Coupe longitudinale
Coupe transversale

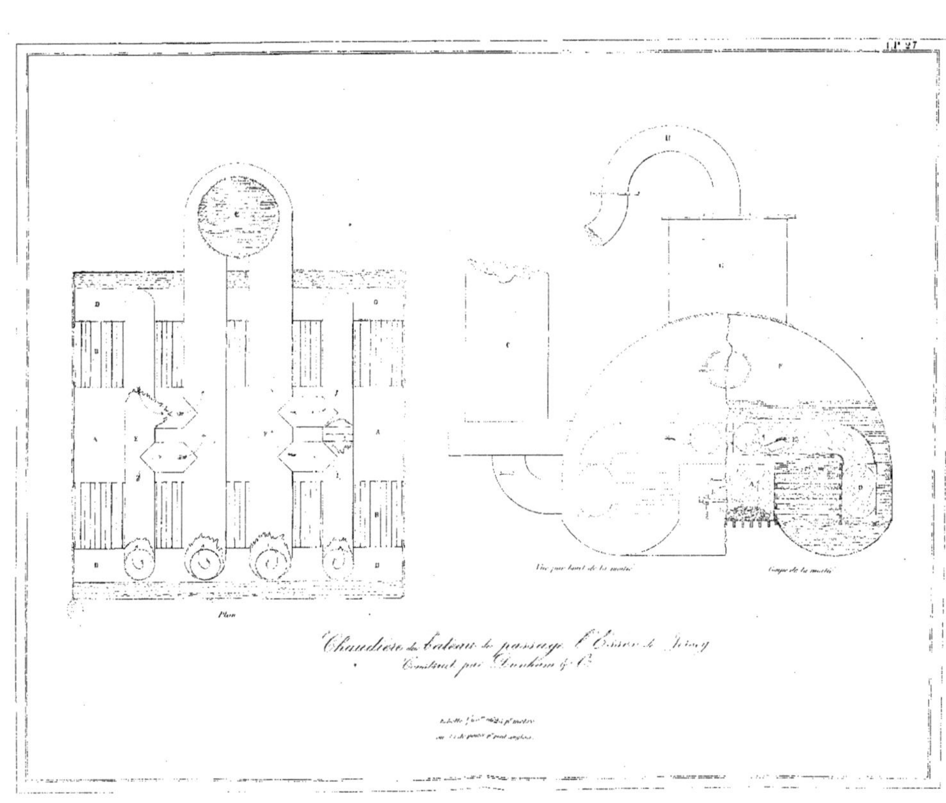
Pl. 27
Plan
Vue par bout de la moitié
Coupe de la moitié
Chaudière du bateau de passage
Construit par Dunham & Cie

PL. 28.

Chaudières du Steamer North-America.

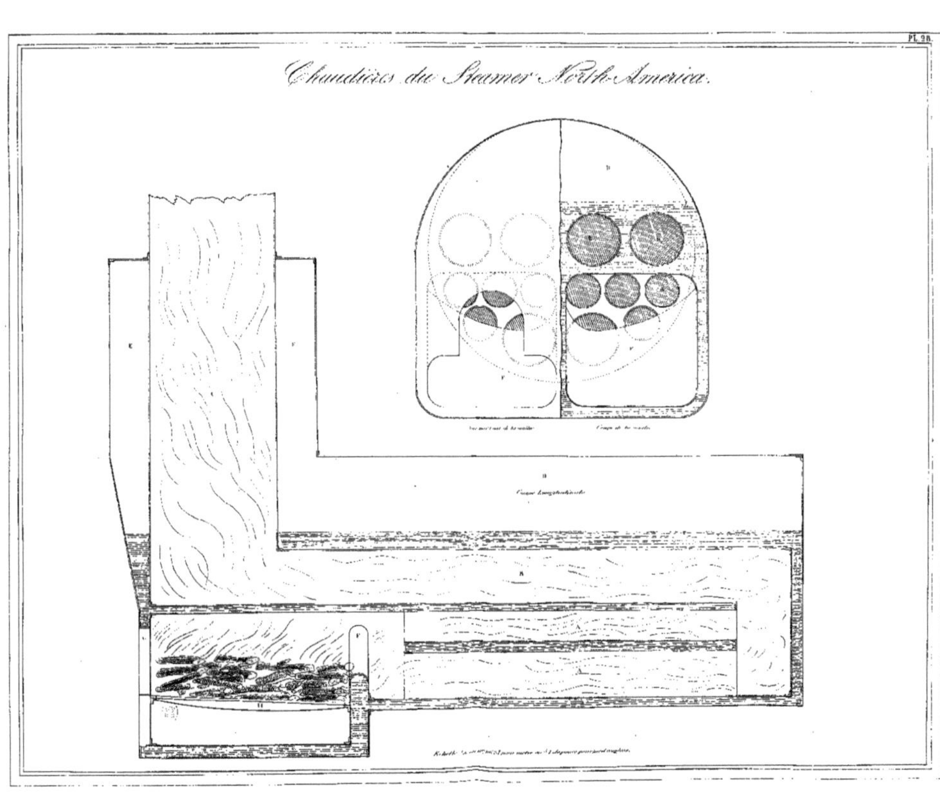

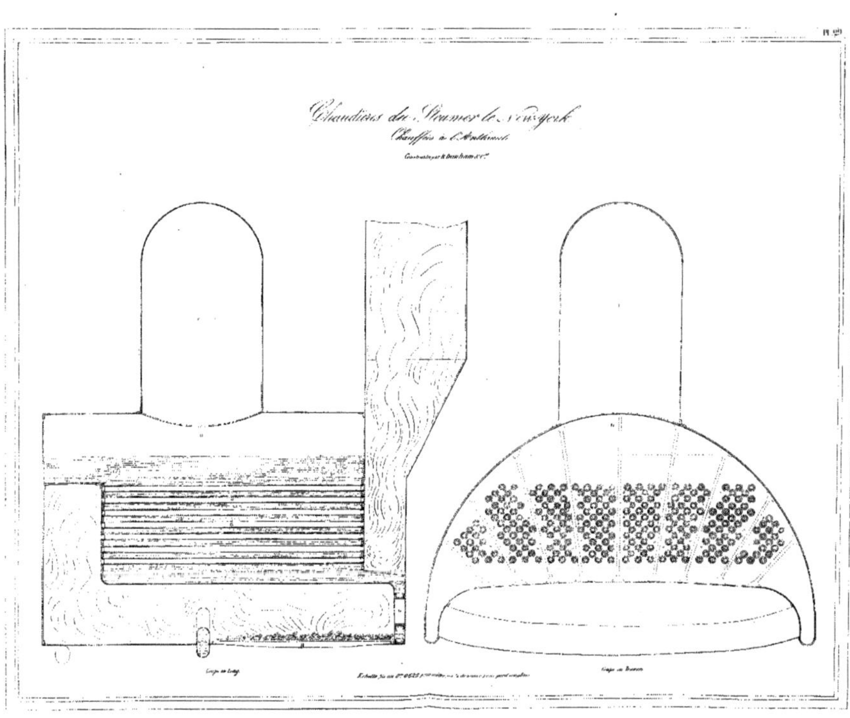
Pl. 29
Chaudières du Steamer le Newyork
Chauffées à l'Anthracite
Coupe en Long
Coupe en Travers

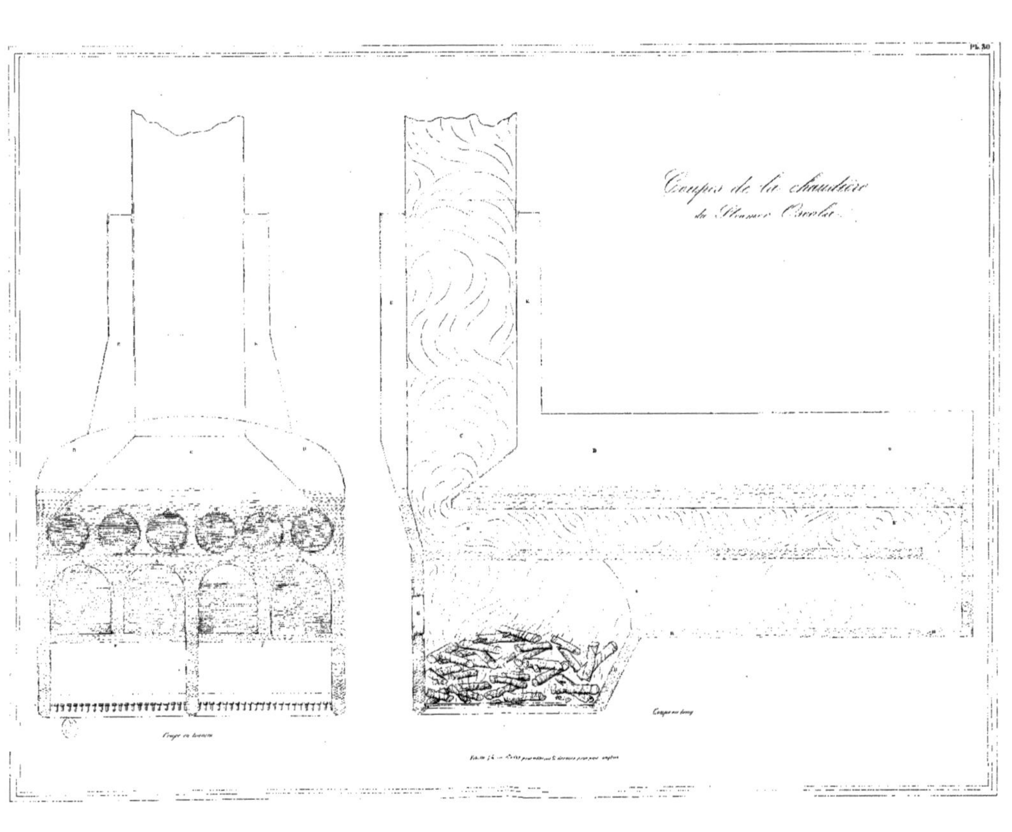
Pl. 30
Coupes de la chaudière
Coupe en travers
Coupe en long

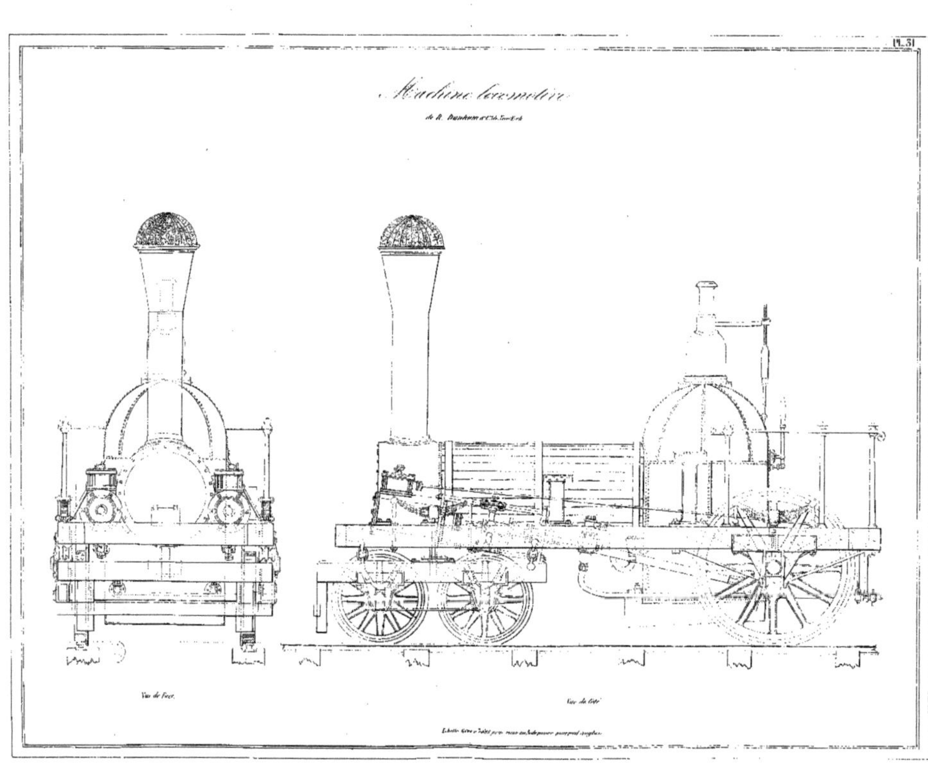
Pl. 31
Machine locomotive
Vue de Face
Vue de Côté

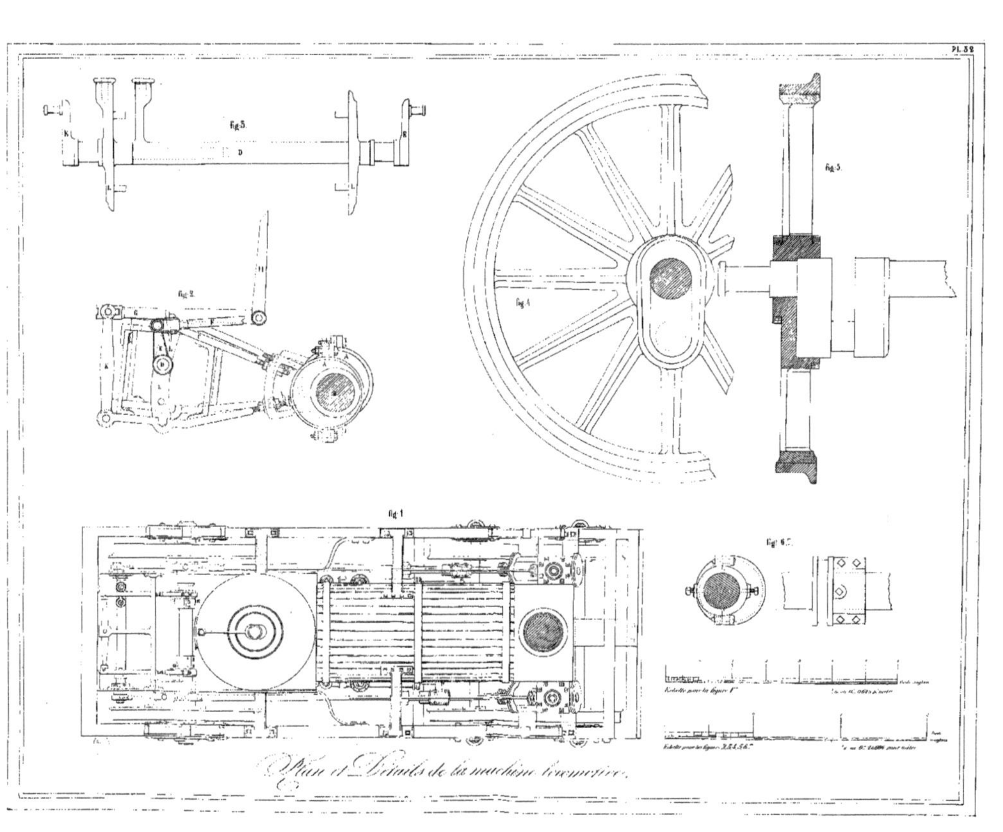
Pl. 32
Fig. 3.
Fig. 2.
Fig. 4.
Fig. 5.
Fig. 1
Fig. 6.7.
Plan et Détails de la machine locomotive.

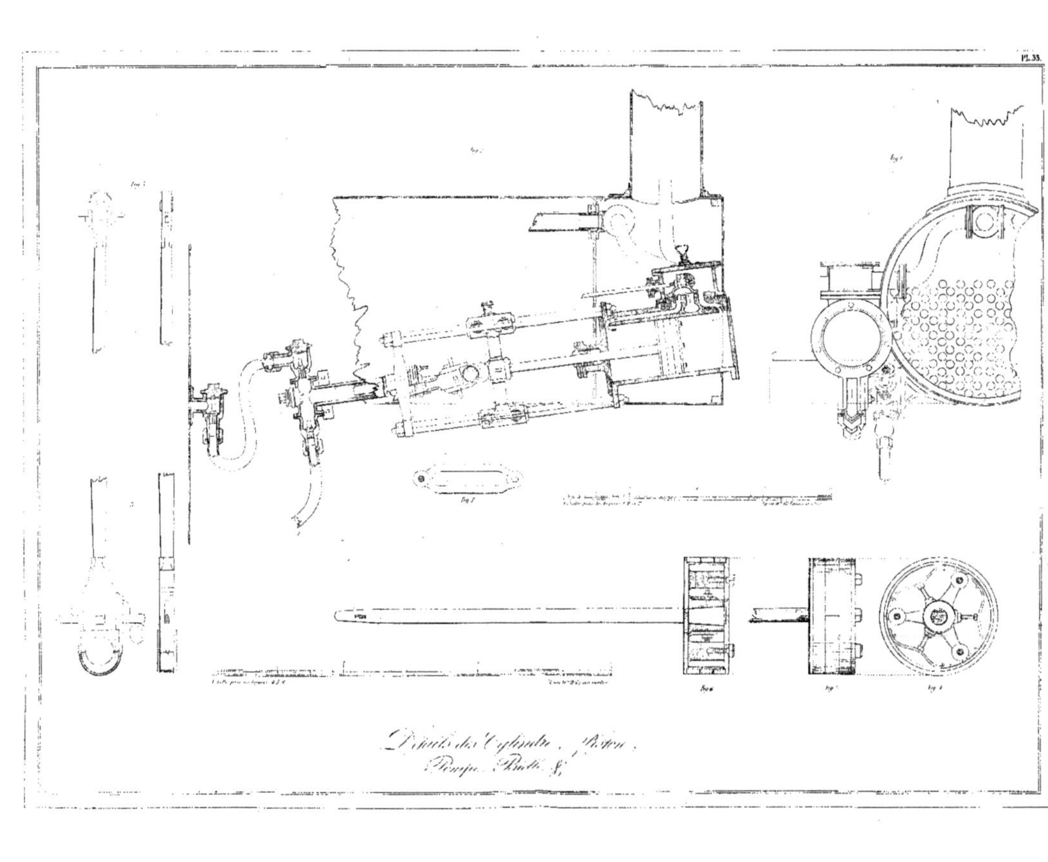
PL. 33.
Détails des Cylindre, Piston,
Pompe, Bielle &.

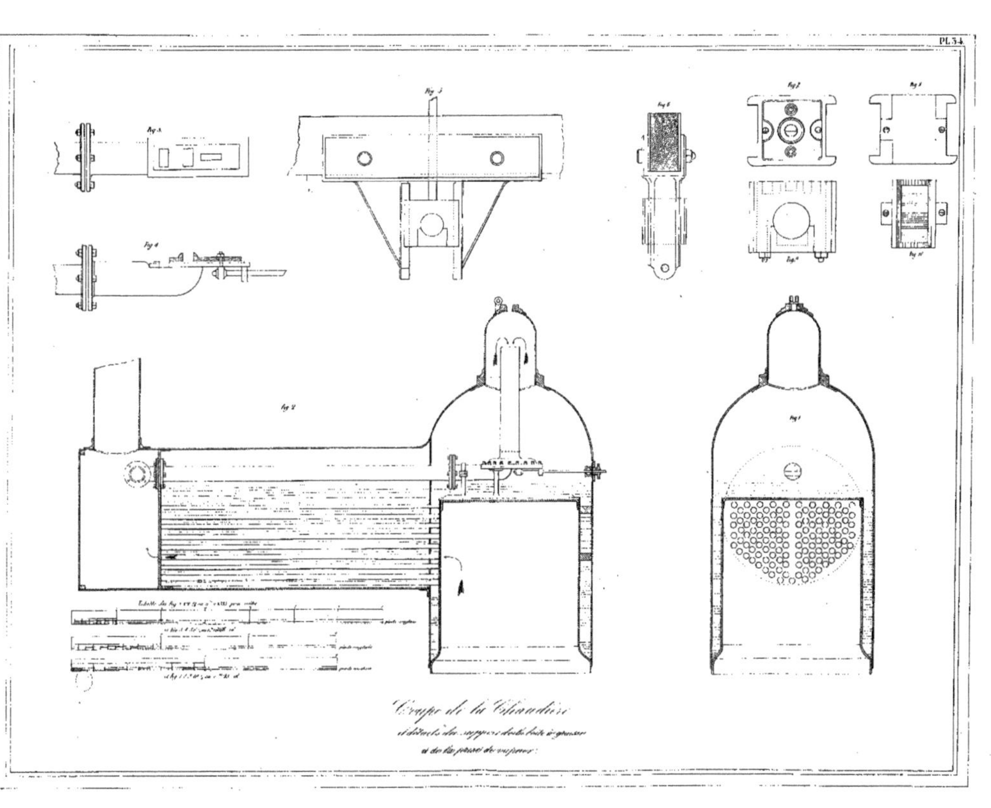

Coupe de la Chaudière
et détails des supports de la boîte à graisse
et de la prise de vapeur.

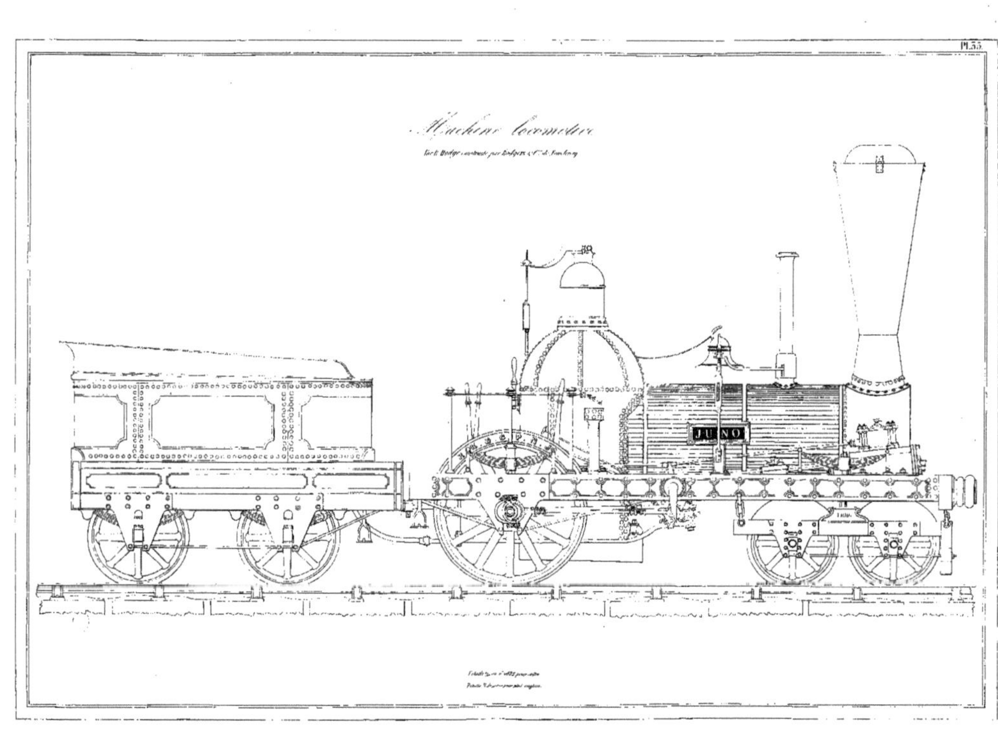
Pl.55.
Machine locomotive
JUNO

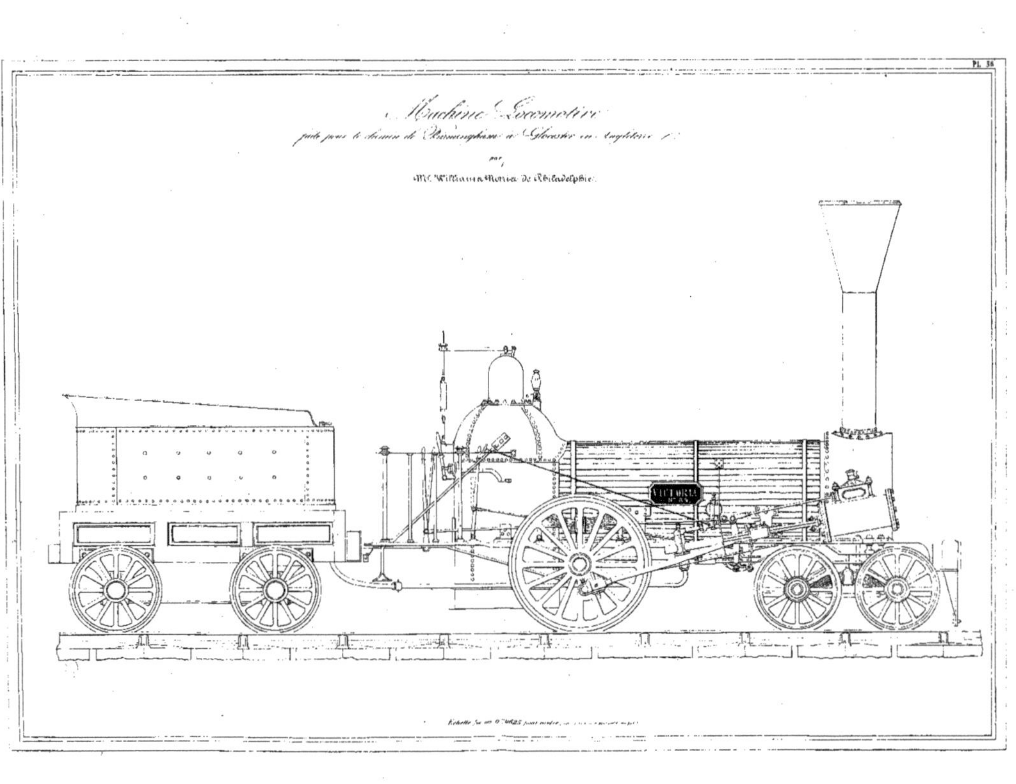
Pl. 38
Machine Locomotive
faite pour le chemin de Birmingham à Glocester en Angleterre
par
Mr William Norris de Philadelphie
VICTORIA

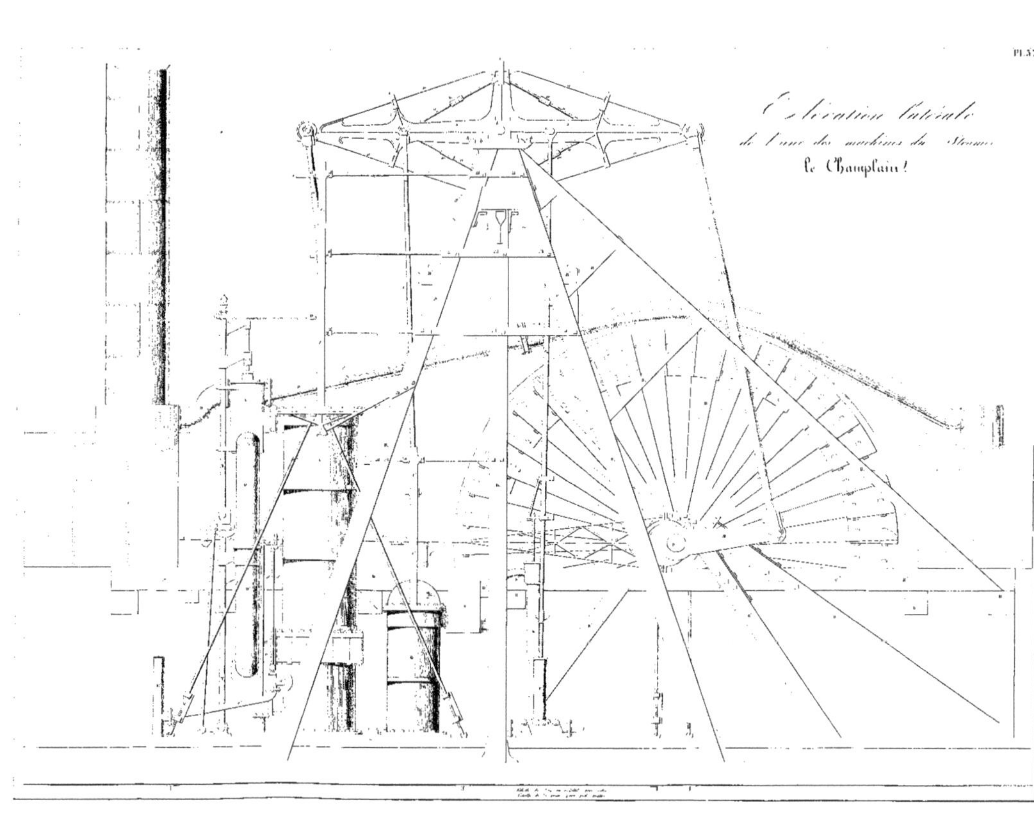
Pl. 37.
Élévation latérale
de l'une des machines du Steamer
Le Champlain!

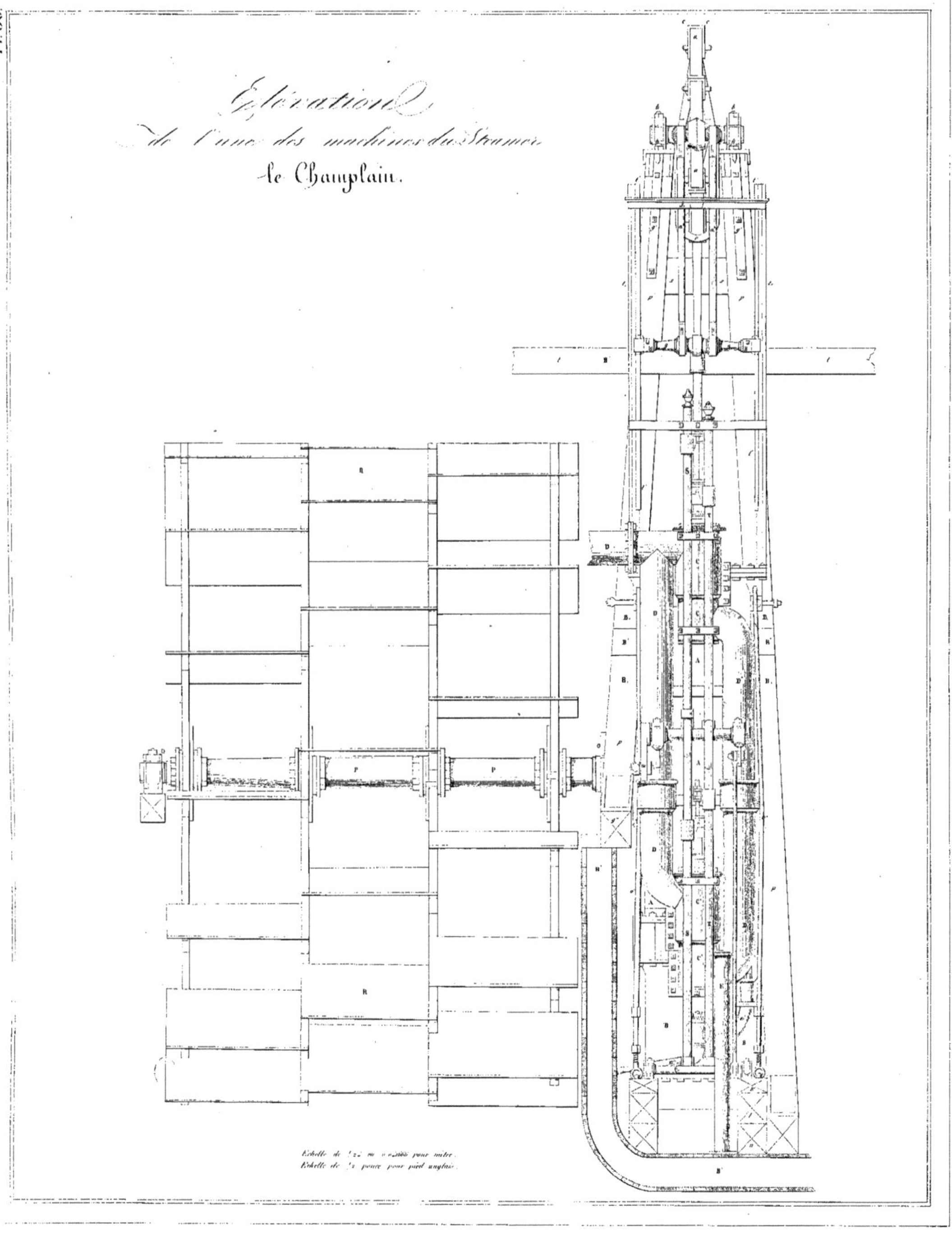
Élévation
de l'une des machines du Steamer
le Champlain.
Echelle de 1/24 ou 0,04166 pour mètre.
Echelle de 1/2 pouce pour pied anglais.

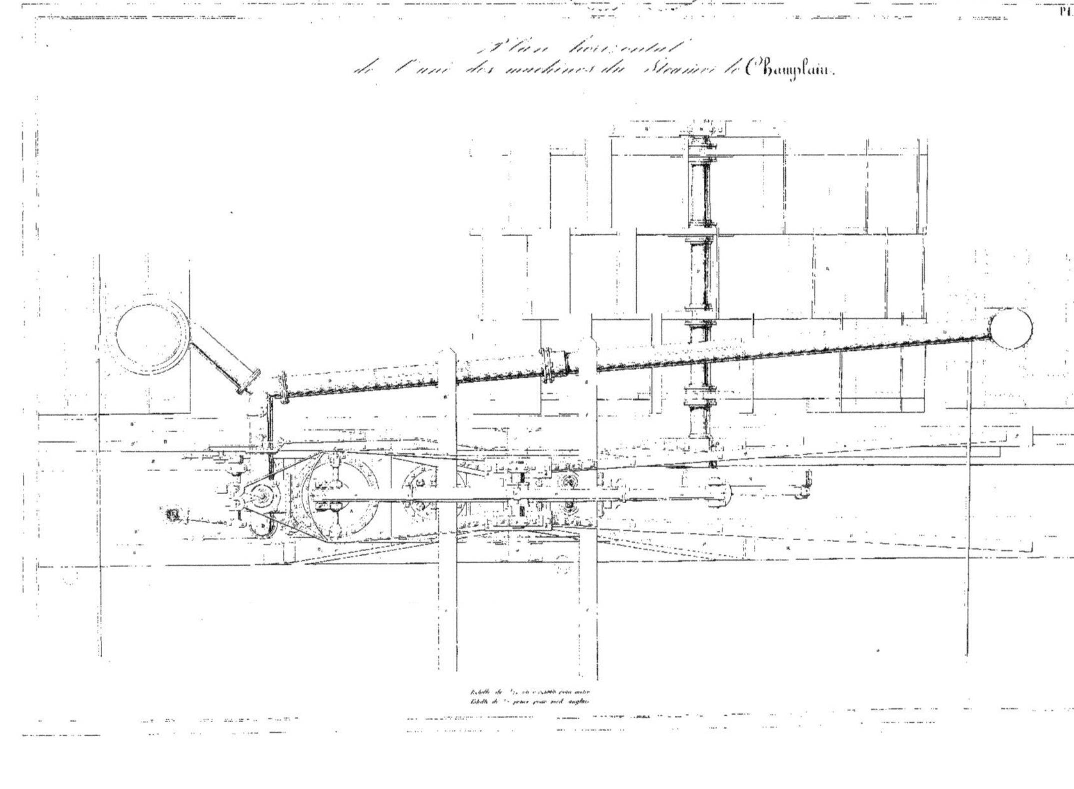
Pl. 5
Plan horizontal
de l'axe des machines du Steamer le Champlain.
Echelle de [illegible] ou [illegible] pour mètre
Echelle de [illegible] pouce pour pied anglais

Élévation latérale
de la machine du Steamer le R. Stevens.

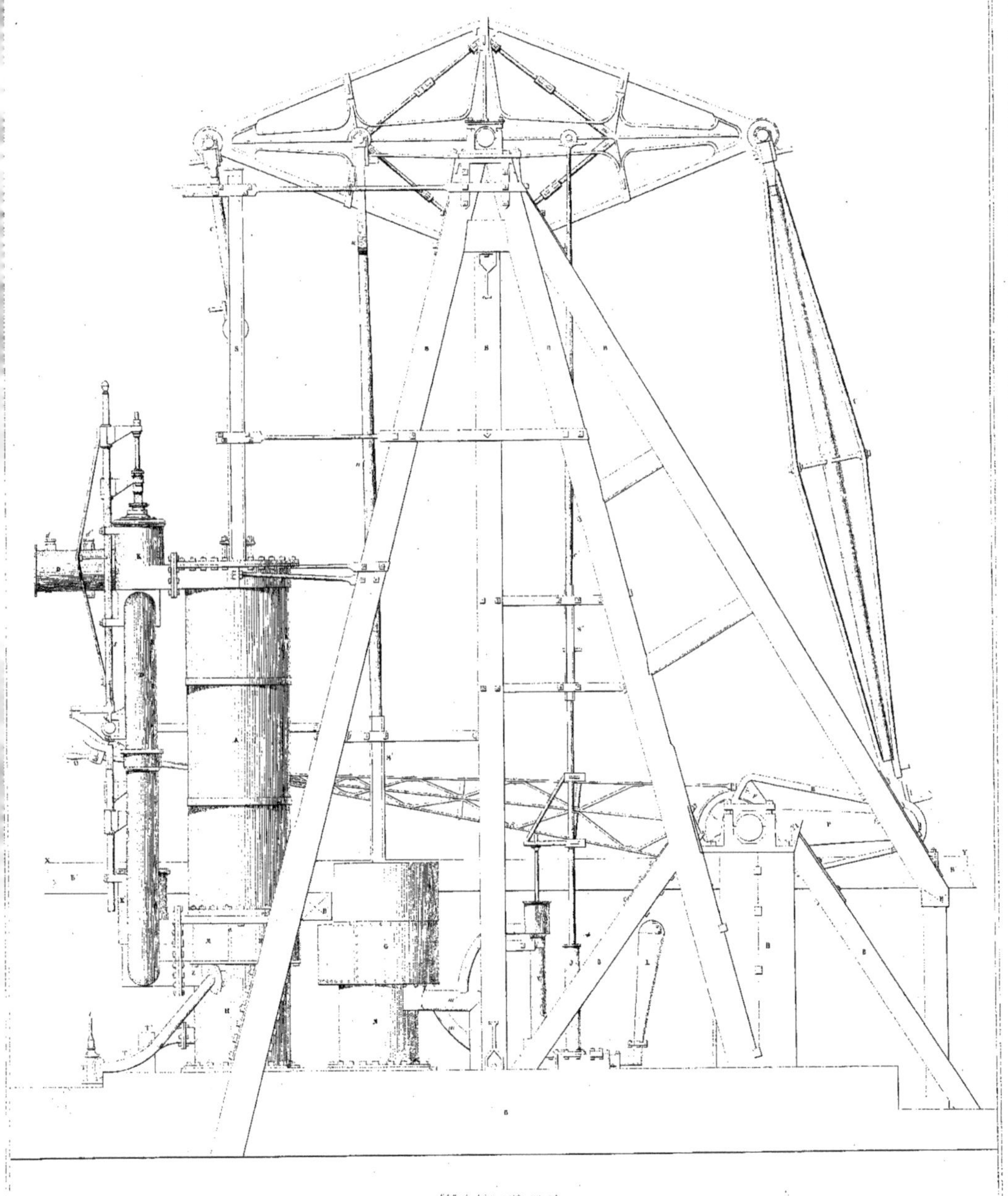

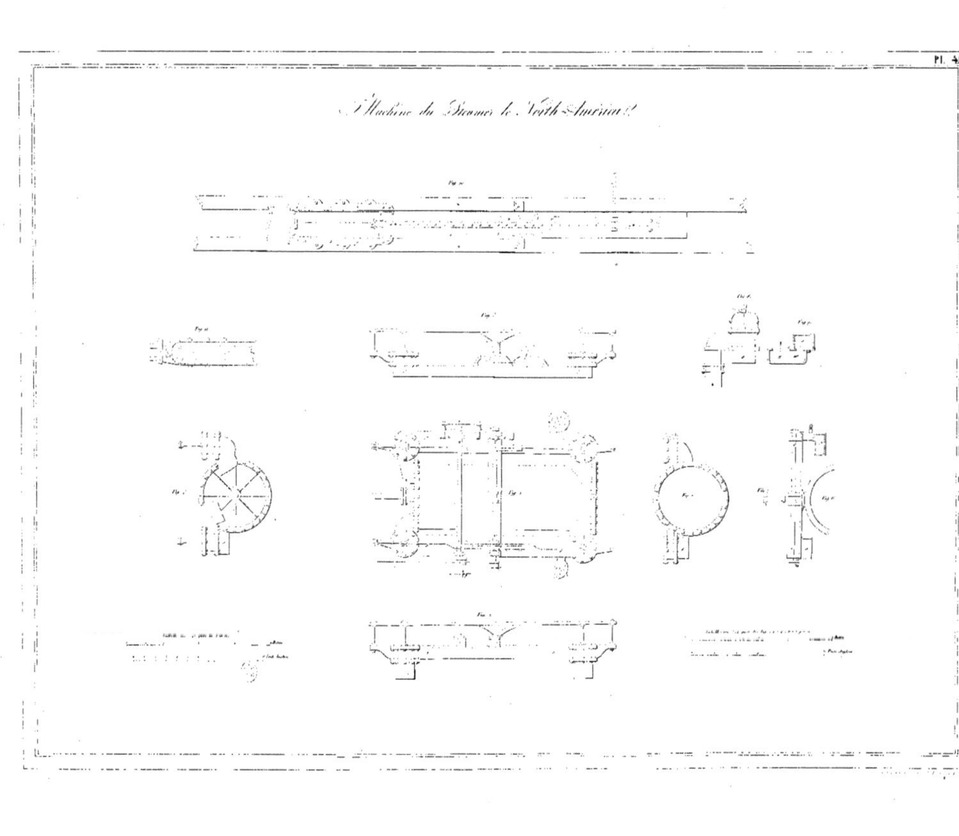
Pl. 41.
Machine du Steamer le North-America.

Machine locomotive à huit roues du chemin de Philadelphie à Pottsville.

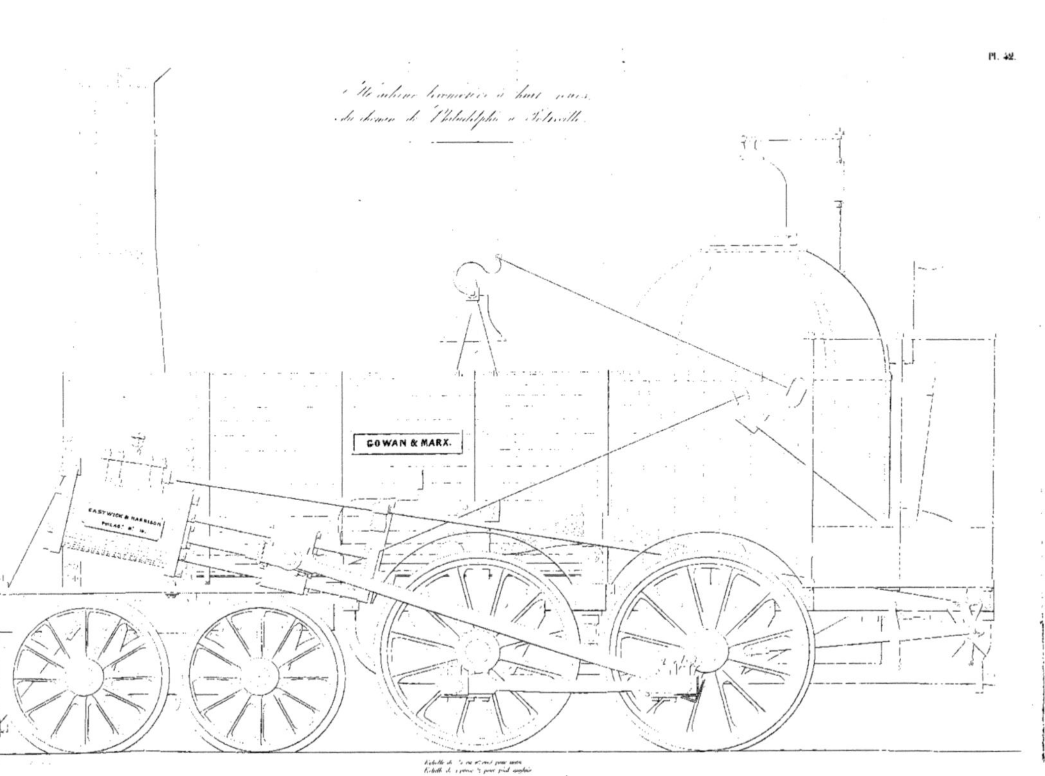

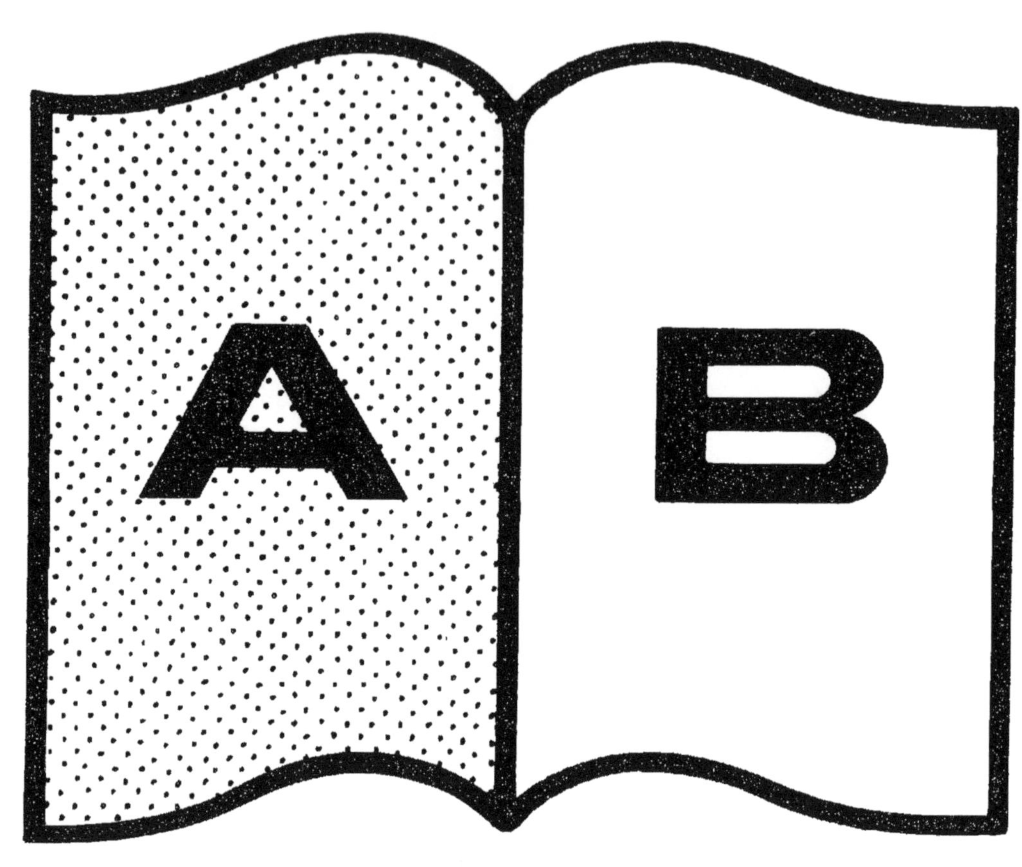

Contraste insuffisant

NF Z 43-120-14

www.ingramcontent.com/pod-product-compliance
Ingram Content Group UK Ltd.
Pitfield, Milton Keynes, MK11 3LW, UK
UKHW012301240726
13966UKWH00004B/1539

9 782013 635486